课本里的

大师

爷爷的爷爷哪里来

课本里的大师 大师

贾兰坡 ○ 著

南京大学出版社

图书在版编目（CIP）数据

爷爷的爷爷哪里来 / 贾兰坡著. –– 南京 : 南京大
学出版社, 2021.9
（课本里的大师）
ISBN 978-7-305-24403-2

Ⅰ. ①爷… Ⅱ. ①贾… Ⅲ. ①人类起源—青少年读物
Ⅳ. ①Q981.1-49

中国版本图书馆CIP数据核字(2021)第074306号

出版发行 / 南京大学出版社
地　　址 / 南京市汉口路22号　邮编 / 210093
出 版 人 / 金鑫荣
丛书策划 / 石　磊
项目统筹 / 嘉良传媒

丛 书 名 / 课本里的大师
书　　名 / **爷爷的爷爷哪里来**
著　　者 / 贾兰坡
责任编辑 / 范阳阳
特约策划 / 刘虹志

封面绘制 / 阿十十
内插绘制 / 杨志华
装帧设计 / 谷久文
印　　刷 / 山东润声印务有限公司
开　　本 / 700mm×1000mm　1/16　　印张 / 10.75　　字数/135千
版　　次 / 2021年9月第1版　　2021年9月第1次印刷
ISBN978-7-305-24403-2
定　　价 / 28.00元

网　　址 / http://www.njupco.com
官方微博 / http://weibo.com/njupco
官方微信 / njupress
销售咨询热线 / 025-83594756

序

奔腾的清泉，永恒的光芒

徐鲁

　　意大利儿童文学家卡尔维诺有一个喜欢阅读的人们普遍接受的说法："所谓经典，就是那些你经常听人家说'我正在重读……'而不是'我正在读……'的书。"

　　从20世纪初迄今100多年来，谁不曾熟读鲁迅先生的《朝花夕拾》？谁没有背诵过脍炙人口的《从百草园到三味书屋》和散发着蚕豆花、稻花般清香的《社戏》？谁不曾做过冰心先生的"小读者"？谁的心灵，没有被她笔下那盏闪烁着橘红色光芒的小橘灯温暖过、照耀过？谁的情感，不曾接受过《寄小读者》那涓涓春水的润泽？

　　如果把中国现代文学史上那些光芒璀璨的"小经典"——那曾经使一代代小读者甘之如饴和耳熟能详的名篇杰作一一开列出来，将是一份多么丰盈、美丽和迷人的文学书单：叶圣陶的《稻草人》《古代英雄的石像》，张天翼的《大林和小林》《宝葫芦的秘密》，老舍的《小坡的生日》《骆驼祥子》，朱自清的《背影》《荷塘月色》，萧红的《呼兰河传》，严文井的《小溪流的歌》，林海音的《城南旧事》，孙犁的《白洋淀纪事》，陈伯吹的《一只想飞的猫》，还有高士其的科学童话《细菌世界历险记》……

这些书经过了漫长时光的淘洗和检验，足可传至永恒，成为一代代小读者的童年必读的"小经典"。说这份书单是一套"小经典"，其中的"小"有两层意思：一是这些作品的作者，都是中国现当代文学史上的"大师"级的文学家，而这些作品，却往往是他们文学年表里的一些"小作品"，是一棵棵参天巨树上绽放出的小花朵，是文学巨人们献给幼小者的珍贵礼物，是真正的"大家小书"；另一层意思就是，这些作品大都篇幅不大，有的只有几万字，不是皇皇巨著，而是形制短小的"小创作"，因此，是在众多现当代文学巨著中最适合少年儿童阅读的"小经典"。

欧洲有个说法，叫作"Small Is Beautiful"，即"小的是美好的"。英国经济学家E.F.舒马赫有本谈人类发展问题的畅销书，书名就叫《小的是美好的》。当然，对于任何文学名著来说，简单的"大"和"小"，并不能成为评价它们的标准，应该说，大的和小的作品都可能是美好的。我在这里只是想借用"小的是美好的"这个说法，来表达我对这些小经典的敬仰、喜爱与欣赏。正是这一部部题材不同、风格各异的文学小经典，构成了一个个色彩缤纷、悲欢离合的小世界，一代代小读者在其中阅读、生活、呼吸和成长。这些作品不仅仅是一代代人童年和少年时代里难忘的阅读记忆，也许还是小读者们成年之后仍然念念不忘、常读常新的必读篇目，是卡尔维诺所说的"我正在重读"的书。

它们的品质和魅力，它们的伟大和永恒之处，至少表现在以下几个方面：

一是它们几乎都是文学大师们的精心之作和"唯一"的作品，套用现代文学家施蛰存先生的一个说法，这些作品可以全部列为"一人一书"的不二之选。也许在这些作家们的"大作品"里能够找出两部甚至多部可以互相代替的，但是像这样的"小经典"，往往只有唯一的一部。它们几乎是从诞生那天起，就被打上了"杰作"或"不朽"的标识。

二是正因为这些作品都是文学大师们的精心佳构，所以它们也足可成为现代白话语言在纯正、优美、规范诸方面的典范之作。事实上，这些作家和这些小经典，的确也是一代代中小学语文教科书的首选对象和必备选目。而且，因为篇幅上的限制与适度，它们也在无意中为中小学生提供了分级阅读、循序渐进的便利与保障。

三是虽然因为年代、地域、文化背景以及作家性格气质、个人知识谱系不同，每一部作品会在题材、体裁、感情基调、思想深度、语言风格等方面各有千秋。然而，仔细阅读这些作品就不难感到，它们在努力传达着各自时代的"时代精神"，在努力地赢得当时那一代小读者的喜爱的同时，也都具有强大和鲜活的生命力、超越力，超越各自的时代、地域和创作背景，把一些属于全人类的、真善美的、永恒的东西保留了下来。

仔细阅读就会发现，这些作品中，最可称道的，就是一种可使任何时代的读者都能感知的伟大、朴素和温暖的"儿童精神"，或曰"童话精神"。这种"儿童精神"，包括单纯、天真、自然的童年趣味，仁慈、宽容、温柔的舐犊般的母爱，对于每一个弱小的生命个体的充分尊重、理解与呵护，幽默、快乐和恣肆的游戏趣味，与花鸟虫鱼为邻的爱自然之心，等等。我们看到，无论是鲁迅先生的《朝花夕拾》，还是冰心先生的《寄小读者》；无论是张天翼的《大林和小林》，还是林海音的《城南旧事》，这种伟大的"儿童精神"，都在每一本小经典中闪耀和流淌。它们是美丽的星光，也是明亮的溪流和清泉；是永不停息的薪火承传，也是"中国故事"的血脉绵延。

不单单是儿童文学作品，在我看来，几乎所有优秀的文学作品，都会具有一种伟大的精神和美好理想，那就是：要给世界送爱心、温暖和力量，要给人间带来美好和幸福。虽然令人遗憾的是，任何一位作家或一部作品，几乎都不可能从根本上改变这个世界，也无力让所有人都过上幸福的日子，甚至连在童话里也办不到，但是，我相信，一代代作家，仍然怀抱着这种伟大的精神，朝这个美好的理想去写作；一代代读者，也总在幻想和期待着，能从优秀的作品中发现和找到一种幸福的生活，领略一种崇高和美好的人生。这不仅是文学的伟大的魅力所在，也是文学阅读的恒久魅力所在。

愿这套中国儿童文学大师们的精选之作"课本里的大师"系列，能被更多的小读者所喜欢，像一片青翠的小树林般，生长和摇曳在一代代孩子的童年阅读记忆里。

目录

爷爷的爷爷哪里来

悠长的岁月

爷爷的爷爷
哪里来

从"神创论"到认识上的蒙昧时期

人很早就想知道自己是怎么来的。由于科学的落后，人们得不到正确的认识，就认为人是用泥土造的，也就是"神创论"。"神创论"在世界上流传很广，东、西方都有这样的神话故事传播。

在中国广为流传的是盘古开天辟地和女娲抟土造人。古人们认为，世界上最初没有万物，后来出现了盘古氏，他用斧头劈开了天、地，天一天天加高，地一日日增厚，盘古氏也一天天跟着长大。万年之后，成了天高不可测、地厚不可量的世界，盘古氏也成了顶天立地的巨人，支撑着天与地。他死后化成了太阳、月亮、星星、山川、河流和草木。天地星辰、山川草木、虫鱼鸟兽出现了，只是世界上还没有人。这时女娲出现了，她取来土和水，抟成泥，捏成人，从此世上就有了人。

在国外的神话中，也有相似的说法。在埃及的传说中，鹿面人身的神哈奴姆用泥土塑造了人，并与女神赫脱给了这些泥人生命。在古希腊的神话中，普罗米修斯用泥土捏出了动物和人，又从天上偷来火种交给了人类，并教会了人类生存技能。

随着人类社会的不断发展，神话传说被宗教利用，成为宗教的经典，并被撰成教义，更加在人们心目中广为流传。关于"上帝造人"，古犹太教《旧约全书》的《创世记》部分，说上帝花了6天时间创造了世界和人类：第一天创造了光，分了昼夜；第二天创造了空气，分了天地；第三天创造了陆地、海洋、各种植物；第四天创造了日月星辰，分管时令节气和岁月；第五天创造了水下和陆上的各种动物；第六天创造了男人和女人及五谷、牲畜；第七天上帝感到累了，就休息了。在基督教的"创世说"中说耶和华上帝创造了天地之后，世界仍一片荒芜，于是他降甘露于大地，大地长出了草木。耶和华用泥捏了一个人，取名"亚当"，造了一个伊甸园，把亚当安置在里面。伊甸园中有各种花木，长着美味的果实。后来耶和华上帝感到亚当一个人很寂寞，在亚当熟睡之时，抽出他的一根肋骨造了一个女人，取名"夏娃"，上帝把各种飞禽走兽送到他们跟前。后来，夏娃偷吃了禁果。上帝把亚当、夏娃贬下尘世，随后发了一场洪水以示对世间罪恶的惩罚，并造了一条挪亚方舟，来拯救世间无辜的生灵。

不管是女娲抟土造人也好，还是上帝造人也好，这些神话传说都并非出于偶然，而是人们很想了解和知道自己是怎么来的。由于不得其解才造出了"神创论"。

我的童年是在农村度过的。逮蝈蝈、掏蛐蛐、捉鸟、拍黄土盖房是我们那个时代儿童最普遍的游戏。每逢我玩后回家，母亲都要为我冲洗，有时一天两三遍。母亲边搓边唠叨："要不怎么说人是用土捏的呢！无论怎么搓，都能搓下泥来。"我 6 岁时到离我家不远的外祖母家读私塾，也常听老师和外祖母这样说。可见"人是泥捏的"的传说流传得多广、多深了。

何时出现的传说，不得而知，想来在有文字之前就已经开始了。而与"神创论"唱反调的还得说是中国的学者。远在 2000 多年前，我国春秋时代的管仲（？—前 645 年）在《管子·水地篇》上说："水者何也？万物之本原也。诸生之宗室也。"意思是说：水是万物的根本，所有的生物都来自水。他的这句话说出了生命的起源。

战国时代的伟大诗人屈原在诗歌《天问》中，对自然现象、神话传说一口气提出了 100 多个问题。对女娲抟土造人也提出了质疑："女娲氏有体，孰制匠之？"意思是说：女娲氏既然也有身体，又是谁造的呢？

最使人惊奇的是山东省微山县出土的东汉时期的"鱼、猿、人"的石刻画。原石横长 1.86 米，纵高 0.85 米（现藏于曲阜孔庙），作者不知是谁。在原石的左半部，从右向左并排着鱼、猿、人的刻像。让人看了之后，很自然地会想到"从鱼到人"的进化过程。

18 世纪的法国博物学家乔治·比丰也曾指出：生命首先诞生于海洋，以后才发展到了陆地；生物在环境条件的影响下会发生变化，器官因不同的使用程度也会发生变化。但是他并没有指出从鱼到人的演化关系。

指出从鱼到人的演化关系并发表名著的是美国古脊椎动物学家

威廉·格雷戈里。1929 年他发表的《从鱼到人》，把人的面貌和构造与猿、猴等哺乳类、爬行类、两栖类动物相比较，把我们的面形一直追溯到鱼类。在当时，由于获得的材料有限，在演化过程中缺少的环节太多，有人嫌他的说法不充分，甚至指责他的某些看法是错误的。把从鱼演化到人的一枝一节都串联起来，谈何容易！你知道演化经过了多少时间吗？鱼类的出现，从地质时代的泥盆纪起，到现在已有 3.7 亿年了，这是多么漫长的时间啊！

能够说明演化资料的来源，并非是虚构的，而是来自地下。地层就是一部巨大的"书"，它包罗万象，有许多许多东西是由地下取得的，就拿脊椎动物化石来说吧，其实也就是老百姓经常说的"龙骨"。它们绝大多数是哺乳动物的骨骼，由于在地下埋藏的时间较长，得以钙化。但是要成为化石，还要有一定的条件。首先，包括人在内的动物死亡后，能尽快地被埋藏起来，使其不暴露。然后，经过风吹雨淋，年代久之即可成为化石——我们所要研究的材料。

虽然许多人将脊椎动物的骨骼叫作"龙骨"，但从来也没人见过想象中的"龙"。我跑过除西藏之外的很多省份，也找不到"龙"的蛛丝马迹。所谓的"恐龙"，原意为蜥蜴之类巨大的爬行动物，原是日本学者用的译名，我们也就随之使用了。

除了要了解化石的形成条件，还要能发现它们，直到把它们一点一点地发掘出来，也不是一件很容易的事，其中有很高的技术含量。从发掘到修理，使之完整地再现于人们的眼前，再加上翻制模型，都必须有很高超的技术。

"人类起源"科学来之不易

"人类起源"，也有人称为"从猿到人"，或"人之由来"，等等。其实都是一个意思：人类是怎样一步一步演化成今天这个样子的。

有关人类起源的知识得来很不容易。许多真正的学者对这门学科的研究从不松懈，也不怕别人谩骂和非议，一代接一代不屈不挠地进行着。直到目前，仍有许许多多的问题需要由后来人接着研究下去。但是再没有什么人反对人是从猿演化而来的说法了，这是最大的胜利。下面我先谈谈这门学科的历史，你就可以知道它来之不易了。人类起源的研究历史，是很晚的事，至今不到200年。

在欧洲中世纪，宗教和神学思想统治了社会很长的时间，许多科学的观点被扼杀。直到文艺复兴运动的兴起，人们的思想、感情得到了大解放，出现了一大批思想家、文学家和科学家，完成了很多的科学发现。在人类起源问题上，1859年，英国生物学家查尔斯·达尔文发表了《物种起源》一书，提出了生物进化理论。在达尔文的启示下，英国博物学家托马斯·赫胥黎在1863年发表了《人类在自然界中的地位》，提出了"人猿同祖论"。1871年，达尔文又发表了《人类的由来及性选择》，论证了人类也是进化的产物，是通过能增强其生存和繁殖的变异，并遗传给下一代的自然选择从古猿进化而来的。这是世界科学史上划时代的贡献。尽管如此，在那个时代由于证据不足，因此当时所有进化论者都感到很苦恼。因为他们不能用真凭实证来说服人。但他们的论点为寻找人类起源的证物——人类化石，指明了方向。

1806年，丹麦的一个委员会决定在他们国内进行历史、自然史和地质学的研究。首先遇到的是丹麦没有历史记载的"巨石文化"（古代坟墓的标志）、贝丘中的许多石器制品。他们认为传说中的故事对真正的历史事实的探究是毫无用处的。但在工作期间，史前工具的发现越来越多，因而一个新的委员会要求对这些材料进行仔细的研究。1816—1865年，汤姆森在哥本哈根任丹麦皇家古物博物馆（即今天的国家博物馆）馆长，又进一步安排、策划、组织人力，对发现物进行分类研究，并根据文化性质编年，建立了石器时代、青铜器时代和铁器时代的顺序。这一工作，虽然由于材料的限制，在当时的情况下，研究的成果不可能达到确凿无误，但是他们所做的科学项目和内容，可以说是研究人类起源的开端。

1856年8月，在德国杜塞尔多夫以东、霍克多尔附近的尼安德特河谷发现了具有原始性质的人类化石。那里是石灰岩地区，工人们采石烧灰，在石灰窑地区内有个山洞，工人们在洞尚未被破坏前见到了一副骨架，附近既无石制的工具，也没有其他哺乳动物的骨骼化石。石灰窑的负责人虽然不是内行，但也对这具不完全的骨架感到非常奇怪，特别是保留下来的头盖骨，既不像人的，也不像其他动物的，因而骨架得以保存下来，交给了当地的一名医生。这名医生也不能肯定是人类的骨架，又将骨架送到波恩大学，请沙夫豪森教授鉴定。沙夫豪森认为这副骨架骨骼粗大，头骨前额低平，眉嵴粗壮，是欧洲早期居民中最古老的人。赫胥黎见到头骨模型后，也认为是最像猿的人类头骨。后来这具骨架被辗转送到爱尔兰高韦皇后学院的地质学教授威廉·金手中，经他研究，认为在尼安德特河谷发现的这具骨架化石是已经绝种的古代人类遗骸，并于1864年按动植物的国际命名法为它命了个拉丁语化的名称，叫"Homo neander—thalensis"（King，1864），我国译为"尼安德特人"，这是双名法命名。后来种类越分越细，改为三名法命名，后面的字是形容词。整整过了100年，坎贝尔才又给改了一个三名法的命名，叫"Homo sapiens neanderthalensis"（Campbell，1964）。一般仍叫"尼安德特人"，简称"尼人"。

尼安德特人化石的发现，引起了很大的争议，很多人持怀疑和反对的态度，这是因为当时没有更多的证据。1886年，在比利时的斯庇也发现了尼人的骨骼化石及其他哺乳动物化石，这次发现的头骨和尼安德特河谷发现的头骨特征相同，有关尼人的争议才渐渐平息。同时达尔文的进化论也渐渐被人们所接受。

尼人是介于直立人与现代人之间的人类，被称为"早期智人"，年代约为10万~3.5万年前。之后又发现了比尼人进步的晚期智

人——克罗马农人，年代约为 3.5 万 ~ 1 万年前。尽管在 19 世纪中叶有大量的古人类化石被发现，达尔文的进化论日渐深入人心，但人们仍不能接受"人猿同祖"和"从猿到人"的进化观念。这是因为没有找到从猿过渡到直立人这个阶段的化石，有些学者以证据不足来对抗进化论。

正当欧洲关于人类起源的争议非常激烈的时候，尤金·杜布瓦在荷兰降生了，那年是 1858 年。杜布瓦长大后进了医学院，毕业以后当了师范学校的讲师，他对人类起源的问题着了迷。29 岁时，杜布瓦开始着手解决人类起源问题。他把想法告诉了一些同事和朋友，遭到同事和朋友的反对，有人还说他得了精神病。但杜布瓦没有气馁，经过努力，他作为一名随队军医被派往当时由荷兰统治的苏门答腊（现属印度尼西亚），想在那里寻找更原始的古人类化石。功夫不负有心人，1890 年他在中爪哇的克布鲁布斯发现了一件下颌骨残片；1891 年又在特里尼尔附近发现了一个头盖骨；1892 年在之前发现头盖骨的附近又发现了一个大腿骨。杜布瓦十分高兴，在给欧洲友人的电报中，他称这是"达尔文的缺环"。

正当杜布瓦还在高兴之时，他还没来得及把化石向同行们展示，就成了争论的焦点。有人嘲笑他，有人谩骂他，而教会更是不容忍他。在各方面的围攻之下，杜布瓦把这些珍贵的人类化石锁在了家乡博物馆的保险柜里，一锁就是 28 年。

杜布瓦发现了人类化石后，曾于 1892 年给它取了拉丁语化的名字"直立人猿"（Pithecanthropus erectus），1894 年改为"直立猿人"。由于受到教会等各方面的指责和压力，不得已，他承认了他发现的是一种猿类化石。尽管杜布瓦又提出了与自己相反的意见，但这种相反的论点并未得到后来人的承认。20世纪30年代，荷兰籍德国古人类学家孔尼华在爪哇(现属印度尼西亚)又有了新的发现。曾经研究过"北京人"化石的魏敦瑞看过在爪哇的发现后，为了命名的统一，1940年把杜布瓦发现的人类化石改为"爪哇直立人"。1964年坎贝尔又把名称改为"Homo erectus erectus"，译为"能直立的直立人"，一般译作"标准直立人"。

杜布瓦发现的古人类化石，现在我们已经搞清了，是属于更新世早期，距今90万~80万年前的直立人，的的确确是人类演化中的重要一环。杜布瓦把他的发现锁了28年之后，在美国纽约自然历史博物馆馆长亨利·奥斯朋的呼吁下，1923年他打开了保险柜，在一些科学讨论会上展示了他的发现。

顺便说一下，亨利·奥斯朋在当时是最著名的古人类学家、古脊椎动物学家和石器时代考古学家，生前出版了大量著作。我在1931年参加周口店"北京人"遗址发掘工作的时候，还是个什么都不懂的小青年。除了有导师和学长的帮助外，最早读的一本书就是1885年英国伦敦麦克米兰公司出版的亨利·福罗尔著的《哺乳动物骨骼入门》，从中学到了不少关于哺乳动物骨骼的知识。第二本就是奥斯朋著的，由纽约查尔斯·斯克里布之子书店1925年出版的《旧石器时代人类》。这使我对古人类，不论是欧洲的发现，还是欧洲之外的发现都有了了解；对古人类所使用过的石器也有了进一步的认识。这两本书现在看来，已有些陈旧，但我仍然把它们好好地保存着，因为是它们把我引入了这门学科的大门。在以后的工作实践中我对这门学科越来越感兴趣，以至于能取得今天的成绩，在这门学科中"长大成人"。当然我更不能忘记师长和同仁对我的帮助和支持。

杜布瓦发现的是人还是猿，当时争议很大，因为没有人能够提供更加令人信服的证据，人们仍然有很多疑惑。20 世纪初，学者们把眼光转向了中国。

"北京人"头盖骨

1915年，美国学者马修出版了《气候与进化》一书，在书中马修提出了亚洲是人类的发祥地的观点。奥斯朋也认为人类起源地在中亚地区。这种观点的提出还是由一位在北京行医的德国医生哈贝尔引起的。1903年，他把从北京中药店里买到的"龙骨"，即一批动物化石带到德国，交给德国古生物学家施罗塞研究，施罗塞认为其中有一颗像人的牙齿，但不敢确定，而说是类人猿的。因此，他非常鼓励古生物学家到中国来考察。当时中国的一批学者像章鸿钊、丁文江、翁文灏等人创办了中国地质调查所，丁文江任所长。他们认为地质调查所的任务不应仅限于矿产调查，更应该进行古生物方面的调查和研究。

1920年他们聘请美国古生物学家葛利普来华担任中国地质调查所古生物研究室主任兼北京大学古生物学教授，为中国培养古生物学的人才。瑞典地质学家、考古学家安特生也接受了中国政府的聘请，在 1914—1924 年来华担任农商部矿政顾问，此时的地质调查所也归入了农商部。安特生除担任矿政顾问外，还从事中国新生代地质和化石材料的调查和研究。值得一提的是，1919 年北京协和医学院聘请了加拿大医生步达生来华担任解剖科主任。他受马修的影响，也对在中国寻找古人类化石极为关注。各方面的因素促成了在北京房山周口店发现"北京人"，使中国的古人类学、旧石器考古学和古脊椎动物学有了突飞猛进的发展。

1918 年，安特生在周口店调查地质情况时，首先在周口店之南约 2000 米处发现了很多鼠类化石。因为石灰窑工人在这个地方采石时发现了很多像鸡骨一样的动物骨骼化石，因此，把这个地方称为"鸡骨山"。

1921 年安特生同奥地利古生物学家师丹斯基又到鸡骨山采集化石。经当地工人指点，在鸡骨山以北 2000 米处，找到了更大的化石地点，名叫"龙骨山"，也就是"北京人"遗址。在这个地点，他们发现了许多大型脊椎动物的化石，其中使他们最感兴趣的是他们从未见过的肿骨鹿的头骨和下颌骨等骨骼化石。因为在含化石的地层中有外来的岩石，安特生预感到远古的人类很可能在这里居住过。

1926 年的夏天，师丹斯基在瑞典乌普萨拉大学的威曼实验室里，整理从周口店采集的化石时，发现了两颗人类的牙齿。他认为是属于人的，就把这个发现公布了。北京协和医学院解剖科主任步达生看了之后也认为是人的，从而对周口店极感兴趣和关注，开始与农商部地质调查所所长丁文江和翁文灏经常联系，准备发掘周口店一带。最初商谈的是中国地质调查所与北京协和医学院解剖科共同成立"人类生物学研究所",由步达生与美国洛克菲勒基金会联系资助,后来丁文江、翁文灏建议把"人类生物学研究所"改为"新生代研究室",作为中国地质调查所的分支机构。1927年2月,双方通过通信方式签订了"中国地质调查所和北京协和医学院关于研究第三纪和第四纪堆积物协议书"。协议书共有四款,大约是从1928年开始由洛克菲勒基金会资助22000美元,作为到1929年12月31日为止2年的研究专款。中国地质调查所拨款4000元补贴这一时期费用;步达生在双方指定的其他专家协助下负责野外工作,2～3名受聘并隶属中国地质调查所的古生物专家负责与本项目有关的古生物研究工作;一切标本归中国地质调查所所有,在人类材料不能运出中国的前提下,由北京协和医学院保管,以供研究之用;一切研究成果均在《中国古生物志》或中国地质调查所其他刊物以及中国地质学会的出版物上发表。新生代研究室1929年才正式成立,成员有名誉主任——丁文江、步达生,顾问——德日进,副主任——杨钟健,周口店野外工作负责人——裴文中。

丁文江也特别关心周口店的发现。由于在周口店发现了人牙化石,他于1926年4月20日在北京崇文门内的德国饭店为安特生的荣誉和发现以及送别举行了一次宴会。他请的客人有:斯文·赫定、巴尔博、德日进、安特生、翁文灏、葛兰阶、葛利普、金叔初和李四光等中外地质学学者。菜单也是特制的,上边还印上了一个形似猿人,被称为"北京夫人"(Dame Pé kinoise)的头像,所有的客人都在菜单上签了名。

周口店的发掘实际上在 1927 年就开始了。当年地质调查所派地质学家李捷为地质师兼事务主任，瑞典古生物学家步林负责化石的采集和发掘工作，当时步达生估计整个周口店的发掘工作能在 2 个月内完成。发掘之后才发现这个地点范围之大，埋藏之丰富，问题之复杂，大大超过了原来的设想。那一年发掘土方近 3000 立方米，发掘深度近 20 米，获得化石材料近 500 箱。在工作结束的前 3 天，步林还在师丹斯基找到第一颗人牙化石的不远处，又找到了 1 颗人牙化石。

步达生对这颗人牙化石进行了仔细的研究，发现它是一个成年人的左下第一臼齿，与师丹斯基发现的很相似。为此步达生给它命名为"北京中国人"（Sinanthropus pekinensis），后来我国古脊椎动物学家杨钟健怕中国人看了后不容易理解，在"中国"两字之后加了个"猿"字，所以简称为"中国猿人"。后来葛利普给起了一个爱称叫"北京人"。魏敦瑞为研究"北京人"化石花费了很大心血，完成了几部巨著。随着古人类学的不断发展，猿人的名称被"直立人"所取代。1940 年才改成"北京直立人"（Homo erectus pekinensis），简称"北京人"。

1928 年第一季度过后，周口店的发掘又开始了。这一年李捷离开了周口店，由在慕尼黑大学、师从施洛塞攻读古脊椎动物学并获得博士学位的杨钟健接替。杨钟健回国前曾去过瑞典乌普萨拉大学研究过周口店的化石，对这项工作很熟悉，而且他还任中国地质调查所的技师。主持周口店发掘和日常事务工作的是刚刚从北京大学地质系毕业的、年方 24 岁的裴文中。这一年发掘的堆积物达 2800

立方米，获得化石 500 多箱。最令人欣喜的是发现了 2 件下颌骨：1 件是女性的右下颌骨，另 1 件也是成人的右下颌骨，上边还有 3 颗完整的牙齿。下颌骨是人类化石中比较珍贵的材料，这使步达生感到非常兴奋，又向美国洛克菲勒基金会争取到了 4000 美元的追加拨款。

经过 2 年的正式发掘，大家都感到周口店龙骨山有特别丰富的堆积。要想把它们都挖掘出来，短时期内不可能完成，而且要弄清龙骨山的地质学上的一些问题，还必须全面地了解周口店附近地区以及更广地区的地质状况。这些原因加速了"新生代研究室"的建立。"新生代研究室"将以更加广泛的综合研究计划来替代将要期满的周口店发掘计划。丁文江、翁文灏、步达生制定了方案、工作进度、资金预算，所需费用都由洛克菲勒基金会提供。1929 年 4 月，中国农矿部正式批准了"新生代研究室"的组织章程，"新生代研究室"正式挂牌了。

1929 年，步林加入了西北考察团，离开了周口店，杨钟健同德日进到山西、陕西一带进行地质旅行调查，周口店的发掘工作由裴文中主持。裴文中接着上一年挖掘的地层往下挖，去掉非常坚硬的第五层的钙板，到第六层时化石明显增多，第七层更是如此，一天之中就能挖到 100 多个肿骨鹿的下颌骨，而且化石都很完整。在第八、九层找到了几颗人牙，其中有 1 颗是齿根很长、齿冠很尖的犬齿，以前没有见到过，这使裴文中干劲倍增。秋季的发掘从 9 月底开始，越往下挖洞穴越窄，裴文中以为到了洞底。突然在北裂隙与主洞相交处向南又伸展出一个小洞。为了探明虚实，裴文中身上拴着绳子亲自下洞去，洞中的化石十分丰富，这使大家又来了精神。这时已到了 11 月底，冬天已经降临，还经常下着小雪，天气很冷。本来野外工作可以结束了，但见到有这么多的化石，裴文中临时决定再多挖几天。

1929 年 12 月 2 日下午 4 时，太阳落山了，大家仍在不停地挖着。在离地面十来米深的小洞里更是什么也看不清，只好点燃蜡烛继续挖掘。洞内很小，只能容纳几个人，挖出的渣土还要一筐一筐从洞中往上运。突然一个工人说见到了一个圆东西，裴文中马上下去查看，"是人头骨！"裴文中兴奋地大叫起来。大家见到了朝思暮想的东西，此刻的心情真是难以形容。是马上挖，还是等到第二天早上？裴文中觉得等到第二天时间太长了，便决定当夜把它挖出来。化石一半在松土中，一半在硬土中。裴文中先将化石周围的孔挖空，再用撬棍轻轻将它撬下来，由于头骨受到震动，有点破碎，但并不影响后来的黏接。取到地面上，因为怕它再破碎，裴文中脱掉外衣，把它包了起来，轻轻地、一步一步地把它捧回住地。附近的老百姓跑来看热闹，见到裴文中这么小心地捧着它，一再问工人："挖到了啥？"工人高兴地答道："是宝贝。"回到住地，裴文中连夜用火盆将它烘干，包上绵纸，糊上石膏，再用火烘，最后裹上毯子一点一点捆扎好。第二天他派人给翁文灏专程送了信，又给步达生打了电报："顷得一头骨，极完整，颇似人。"步达生接到电报，欣喜之际还有点半信半疑。12 月 6 日裴文中亲自护送，把头骨交到了步达生手中。步达生立即动手修理，当头盖骨露出了真实面目后，步达生高兴得到了发狂的地步。他说这是"周口店发掘工作的辉煌顶峰"。

12月28日，中国地质学会隆重召开特别会议，庆贺周口店发掘工作的突破性的胜利，庆祝发现了中国猿人第一个头盖骨。会议由翁文灏主持，裴文中、步达生、杨钟健、德日进分别就发现头盖骨化石的经过以及有关中国猿人头盖骨及地质学研究等问题做了专题报告。与会的有科学界、新闻界等各方面的人士。在中国发现了猿人头盖骨的消息，通过媒体迅速传遍了中国，传遍了世界，它震动了整个世界学术界。贺电、贺信从四面八方飞向当时的北平，这其中就有美国古生物学界泰斗奥斯朋的贺电。在那时，中国猿人头盖骨的发现成了北平街谈巷议的新闻。

我是1931年春考进中国地质调查所的，被分配到新生代研究室当练习生。同时进调查所新生代研究室的还有刚从燕京大学毕业的卞美年。同年我们就被派往周口店协助裴文中搞发掘工作。在研究部门里，练习生虽属"先生"行列，但地位是最低的小伙计，买发掘用品、给工人发放工资、登记发掘记录、修理化石、装运化石、陪访问学者到各处察看地质、替他们背标本……总之什么活都得干，但我不觉得苦。只要有点时间我还和工人们一起去挖掘，对挖出来的动物化石，不懂就向工人请教，很快我就喜欢上了发掘工作。而裴文中看到我有不懂的地方就耐心赐教，从不拿架子。卞美年一有闲暇，就带着我在龙骨山周围察看地质，不但给我讲解地质构造和地层，还教我如何绘制剖面图，我一直把他看作我的启蒙老师。从他们那里我学到了很多东西。他们还不时地给我一些有关的书看，当时古人类学和古脊椎动物学刚在中国兴起，国内还没有专门的教科书，书全是英文的，看不懂就向他俩请教，我进步得很快，也越来越爱上这门学科了。

1934 年，患有先天性心脏病的步达生，因过度疲劳，在办公室内去世。1935 年，裴文中到法国去留学。领导推荐我主持周口店的发掘工作，那时我刚刚晋升为技佐（相当于助理研究员）。

就在这一年，美籍德国犹太人、世界著名的古人类学家魏敦瑞来华接替步达生的工作。来华之前，他就认为周口店发现了头盖骨、下颌骨和许多牙齿，但人体的骨骼很少，是由于发掘的人不认识的缘故。他来华之后没几天，就到周口店检查工作，之后又接二连三地到周口店勘察地层，并仔细观察工人们挖掘化石的工作，又考了考我关于食肉类动物的腕骨与人的腕骨有什么不同，我详细地做了解答，他很满意。最后他对周口店的工作信服地说："这么细致的工作，不会丢掉重要东西，是可靠的。""这样的方法据我所知，在世界上也是最好的。"

1936 年周口店的发掘任务仍是寻找古人类化石。魏敦瑞来北京一年多了，除了一些人牙外，没见到其他重要的材料，心急如焚。其实我心中更是急得冒火，更使我们担忧的是，美国洛克菲勒基金会只同意再给 6 个月的经费，如果 6 个月后仍无新发现，洛克菲勒基金会可能会断绝对周口店的资助，新生代研究室也会散摊。此时，日本的侵华战争正在一步步向华北推进，中国地质调查所也随国民党政府南迁。已担任北平分所所长的杨钟健也为此事担心，三天两头地往周口店跑。他看到大家仍在兢兢业业、勤勤恳恳地工作，才放心了。

天无绝人之路。正当我们为找不到古人类化石而一筹莫展的时候，工作突然出现转机。这一年的 10 月 22 日上午 10 点左右，当我们发掘到第八、九层时，我突然看到 2 块石头中间，有 1 个人的下颌骨露了出来，我当时的高兴劲就别提了。我马上趴在现场，小心翼翼地把它挖了出来。下颌骨已经碎成几块，我们把化石拿回办公室修理、烘干、粘好，第二天送到魏敦瑞手中。他也高兴起来，很长时间愁苦的脸上有了笑容。

下颌骨的发现，给大家带来了很大的鼓舞。11 月 15 日，由于头一天夜间下了场小雪，上午 9 点才开始工作。干活儿不久，技工张海泉在临北洞壁由他负责的方格内挖到了一块核桃大小的骨片。我离他很近，问是什么东西，他说："韭菜（碎骨片的意思）。"我拿起一看，不由大吃一惊："这是人头骨！"我们马上把现场用绳子围了起来，只许我和几个技工在圈内挖掘，其余人一概不许进入。我们挖得非常仔细，连豆粒大的碎骨也不让遗落。在这半米多的堆积内，发现了很多头盖骨碎片。慢慢地，耳骨、眉骨也露了出来。这是个被砸碎的头盖骨，直到中午才把所有碎头盖骨全都挖了出来。接着又是清理、烘干、修复，把碎片一点一点对粘起来。

由于下颌骨的发现，有人断言"新生代研究室要时来运转了"。我们高兴的心情还没平静下来，下午 4 点 15 分时，在距上午头盖骨的发现处的下方约半米处，又发现了另一个头盖骨。与上午那个相仿，均裂成了碎片。由于天色已晚，我派 6 个人守护现场，同时拍电报给北平当局。

杨钟健没在家，去了陕西老家。他的夫人听到信息，四处打电话找到了卞美年。卞美年第二天早晨急急忙忙地跑去找魏敦瑞，魏敦瑞还没起床，听到消息后，从床上跳了下来，连裤子都穿反了。他火烧眉毛似的带着夫人、女儿同卞美年一起，由他的朋友开着汽车赶到了周口店。当我们从柜子里拿出粘好的第一个发现的头盖骨时，魏敦瑞太激动了，手不住地发抖。他不敢用手拿，叫我们把它放在桌上，左看右看，看了个够。午后他又到第二个头盖骨的现场察看发掘情况，由于怕挖坏，挖掘的速度很慢。魏敦瑞只好带着第一个头盖骨返回了北平。第二个头盖骨的所有碎片直到日落西山才搜索完毕。11 月 17 日我带着第二个头盖骨返回北平，把它交给了魏敦瑞。

真可谓"柳暗花明又一村"。11 月 25 日夜里下了一场小雪，26 日上午 9 时，在发现下颌骨的地点之南 3 米、其下约 1 米的角砾岩中又找到了 1 个头盖骨。这个头盖骨比前两个都完整，连神经大孔的后缘部分和鼻骨上部及眼孔外部都有，完整程度是前所未有的。当我再次把它交给魏敦瑞时，他竟"啊"了一声，两眼瞪着，发了很长一会儿呆，才缓了过来。

11 天之内连续发现了 3 个头盖骨，1 个下颌骨和 3 颗牙齿的消息，再一次震动了世界学术界，全国和全世界各地报纸纷纷登载这一消息。12 月 19 日在中国地质学会北平分会上，魏敦瑞和我被邀请做了报告。魏敦瑞说："现在我们非常荣幸，因为中国猿人在最近又有新的发现：10 月下旬发现猿人下颌骨 1 面，并有 5 颗牙齿保存；11 月 15 日一天内，又发现猿人头盖骨两具及牙齿 18 颗；11 月 26 日更发现 1 个极完整之头盖骨。对于这次伟大之收获，我们不能不归功于贾兰坡君。"

以上说的只是"北京人"化石产地的发现。早在 1934 年我们也曾在"北京人"遗址附近的山顶洞发现了山顶洞人共 7 个个体，同时还发现了大量的装饰品。山顶洞人的头骨与现代人的头骨相比，没有什么明显的差异，是属于距今 1.8 万年左右的晚期智人化石。

"北京人"头盖骨丢失之谜

有关"北京人"化石丢失之谜，很多的报纸杂志都有过报道，本来与这本小书没有什么关系，可是这件事已经过去半个多世纪了，仍经常有人问起。这说明很多人对丢失"北京人"化石这件事情始终不能忘怀。1998年，我与其他13名中国科学院院士一起签名呼吁"让我们继续寻找'北京人'"，北京电视台、中国科学院等单位还共同发起了"世纪末的寻找"活动。所以就此机会，我还想占点篇幅再

向读者简单叙说一下丢失的情况。

1937年"七七事变",日本帝国主义全面侵华战争开始了,不久北平就被日军占领了。由于日美还没有开战,北平协和医学院仍在照常工作。当时所有在周口店发现的"北京人"化石、山顶洞人化石以及一些灵长类化石,其中还有1个非常完整的猕猴头骨,都保存在协和医学院B楼解剖科的保险柜里。因为步达生和后来接替他的魏敦瑞都在那里办公。

1941年,日美关系越来越紧张,许多美国人及侨民纷纷离开中国。魏敦瑞也决定离开中国去美国纽约自然历史博物馆继续研究"北京人"化石。他走前曾嘱咐他的助手胡承志把所有的"北京人"化石的模型做好,先做新的,后做旧的,时间紧,越早动手越好。还特别叮嘱他说,在适当的时候,把所有的化石装箱,准备运往安全的地方保管。

大约在珍珠港事件前3个星期,魏敦瑞的女秘书希施伯格通知胡承志把化石装箱。胡承志在征得裴文中的同意后,找到解剖科技术员吉延卿开始装箱。

装箱时非常仔细,先把化石用绵纸包好,再用卫生棉和纱布裹上,外边再包一层白软纸放入小木盒内,盒内也垫上卫生棉,然后分门别类装入两只没刷过漆的大木箱内,木箱与木盒、木盒与木盒之间还垫上了瓦楞纸。两只木箱一大一小,装好后,只在木箱上分别注上Case1和Case2的标记,随后送到协和医学院总务处长、美国人博文的办公室,后来箱子又由博文转运到了F楼4号保险库内。自此,"北京人"化石、山顶洞人化石及一些灵长类化石,其中还有 1 个极完整的猕猴头骨等全部没有了下落。

据说,珍珠港事件前,原打算把这两箱化石交给美国驻华大使詹森,托他找人带到美国交给当时中国驻美大使胡适保管,待战后再运回中国。美国大使詹森不敢接收,因为中美双方在成立"新生代研究室"时有协议:"不能把所发现的人类化石运往国外。"后来还是当了国民党政府经济部长(1948 年任行政院长)的翁文灏写了委托书,詹森才同意接收。装有化石的箱子被送往美国海军陆战队,又由美国海军陆战队运往秦皇岛,准备搭乘美国到秦皇岛接送海军陆战队和侨民的哈里森总统号轮船,前往美国。但哈里森总统号轮船在从马尼拉开往秦皇岛途中,正赶上太平洋战争爆发,这艘船被日本击沉于长江口外,所以化石根本没有上船,负责携带这批化石的美国军医弗利在秦皇岛被日军俘虏,从此这批世界文化瑰宝就失踪了。

日军占领了协和医学院后,日本就派了东京帝国大学人类学家长谷部言人和高井冬二两位助教来协和医学院寻找"北京人"化石。当他们打开 B 楼解剖科的保险柜,看到里面装的全是化石模型,才知道"北京人"化石被转移了。日本宪兵队到处搜寻,很多人都受到了连累。协和医学院总务处长博文,甚至连推车送化石到 F 楼 4 号保险库的工人常文学都被捉进宪兵队进行审讯。解剖科的马文昭教授可算是"二进宫"了,一次是为"北京人"化石,一次是为孙中山先生的内脏。其实这两件事都与他无关。裴文中在家中也受到讯问,并被暂时没收了居住证。在那个时期,没有居住证是不能离开北平的,连上街行走都会遇到麻烦。

　　"北京人"化石丢失后，当时各大报纸都纷纷报道这一消息，再一次震惊世界学术界。尽管日本天皇知道这一消息后，命令日军总司令部负责追查化石的下落，日本军部又派了一名特务，专门到北平、天津、秦皇岛调查此事，但均无结果。从此传说纷纭，谣言四起。

　　日本投降后，中国国民党政府派代表团寻找被日本侵略者掠去的文物，其中没有"北京人"化石的标本。1946年5月24日，中国代表团的负责人、"中央研究院"院士、考古学家李济在给裴文中的信中说："弟在东京找'北京人'前后约5次，结果还是没找到。但帝大所存之周口店石器与骨器已交出，由总部保管。弟离东京时，已将索取手续办理完毕。"1949年4月30日，中国政府代表团团长朱世明向盟军总部递交了一份备忘录，附有一份详细的丢失化石的清单，请盟军协助对这批重要的科学标本进一步查询，仍是没有任何结果。

　　"北京人"化石的丢失，牵动着各界人士的心，好多人都自愿出钱出力，搜寻各种线索帮助寻找。但是绝大多数的线索没有任何价值。

　　1980年3月，我从瑞士驻华大使席望南处获悉，他认识当年准备携带"北京人"化石回美国的威廉·弗利博士。他非常愿意给弗利去信，就"北京人"化石丢失这件事叫弗利和我通信联系。弗利在给席望南大使的复信中说："请告诉贾兰坡教授，我对于寻找失落已久的标本仍然抱有希望。请他直接和我联系。"我很激动，因为珍珠港事件爆发后，弗利在天津就成了日本人的俘虏。日本人后来一再声称他们并没把"北京人"化石弄到手，所以弗利就成了最后一个接触这批化石和掌握它们下落线索的关键人物。而多少年来，很多人想方设法来套取弗利有关这方面的"口供"，他对一些关键性的细节始终都守口如瓶。于是，我给弗利写了第一封信，表示愿意更多地了解有关"北京人"化石下落的情况。

1980年6月15日，我接到了弗利5月27日从纽约的来信："你那令人激动的来信收到了。通过我们共同的朋友瑞士大使席望南的介绍，最后处理标本的科学家终于在多年之后和一位曾经受委托安全运送标本的官员相识了。多年来，我一直希望有这么一天。我的目的之一，就是要在我有生之年看到'北京人'化石安全回归北京协和医学院。""我确信它们没有被遗弃，而是被安全细心地保护着以待适当的时候重见天日。"

见了这封信，大家都很激动。瑞士大使对此事非常热心，拟请弗利秋季来华，并为他办理来华的一切手续。无奈因我9月份要出访日本，请弗利改期。而弗利以"贾先生推脱，恐怕另有难言之隐"为由，多次向美籍华人、运通银行高级副总裁邱正爵表示，要他访华，除非由中国国家领导人发出邀请。但后来条件越来越降级，改为由"政府邀请""科学院邀请"，最后由邱正爵做工作，改为由我出面邀请。我对弗利的狂妄态度，深感不安，他提出的要求也太过分。1980年年底，邱正爵访华并与我见了面。他还亲自到天津找到了弗利当年居住过的房子，仔细察看了房子内的情况，发现房子基本上保持着弗利描述的样子。但邱正爵回国后向弗利追问化石是否曾藏在那间房里时，弗利不置可否。邱正爵对弗利的态度也大为不满。

我也曾看过弗利在《71/72康奈尔大学医学院校友季刊》撰文介绍这段经历，他说化石不多，大概装在一打左右的玻璃瓶里。我感到十分蹊跷，认为他见到的根本不是"北京人"化石。

他还说，他带着标本在秦皇岛等待登上美国轮船时，正赶上珍珠港事件，他被日军俘虏。因为他是医官，没有受到严格的检查，当把他们送往集中营时他还带着标本。当时不用说是个医官，就是再大的官也要接受检查呀！

我觉得弗利一点谱都没有，以后跟他断了联系。

1980年9月中旬到10月初，纽约自然历史博物馆名誉馆长夏皮罗偕女儿访华，他听一位美国朋友告诉他，"北京人"化石曾藏在天津的美国海军陆战队兵营大院6号楼地下室的木板层下。他到了天津，在天津博物馆的协助下，找到了兵营旧址，这里已成了天津卫生学校，而6号楼在1976年唐山大地震时倒塌，已经改成了操场。据学校的工作人员说，这些建筑物的地下室从未铺过木板地。夏皮罗虽然还带着1939年拍摄的兵营建筑照片，但早已面目全非了。

1996年初，一位日本人在临终前，告诉他的朋友，说"二战"时丢失的"北京人"化石埋在距北京城外东24米处，即日坛公园神道附近，在一棵松树上还做了记号。这位日本朋友几经辗转，告诉了中国当局。中国专家虽然不太相信，但还是对"埋藏"地点进行了技术探测，发现有点异常。科学院副院长做出了"抓紧时间，严密组织，保障安全，快速解决"的决定。6月3日上午正式动土发掘，前后近3个小时，没有结果。探测异常可能是由于钙质结核层引起的。

北京电视台、中科院古脊椎动物及古人类研究所等单位发起的

　　"世纪末的寻找"上了电视和报纸后，我又收到了很多提供线索的来信，但绝大多数的来信没有任何价值。日本的一家通讯社也来信说，他们听闻在北海道有些线索，准备派人前往调查，但后来也没任何信息。

　　"北京人"化石是国宝，也是属于世界的、全人类的，有很重要的科学价值。在我有生之年，我当然愿意再见到它们，这也是我们老一辈科学家的心愿。这正像我们14名院士做出的"让我们继续寻找'北京人'"的呼吁所说的那样："也许这次寻找仍然没有结局，但无论如何，它都会为后人留下珍贵的线索和历史资料。并且它还会是一次我们人类进行自我教育、自我觉悟的过程，因为我们不仅仅是要寻找这些化石本身，更重要的是要寻找人类的良知，寻找我们对科学、进步和全人类和平的信念。"

"北京人"是最早的人吗？
——一场四年之久的争论

裴文中发现了第一个"北京人"头盖骨，他工作上勤勤恳恳，能吃苦耐劳，我非常敬佩他。我在周口店协助他搞发掘时，一开始什么都不懂，他耐心地教我，从不拿架子，我也十分敬重他。自从发现了"北京人"头盖骨后，我俩在学术上产生了分歧。首先是关于有没有骨器的问题。1952年周口店建成了陈列馆，为了使周口店的发现能早日与参观者见面，我带领全体工作人员没日没夜地布置展台，填写标签，大家没有一点怨言，全体工作人员只有一个愿望，把陈列馆布置好，早日开放。我们的工作得到了竺可桢副院长和杨钟健的大力支持。预展之前，裴文中来了，当他见到展台里陈列着一些骨器时，大为恼火，问我这些是什么。我说："骨器。"他叫我们打开展台，一边乱扒一边扔，还说："这也是骨器？！"原来布置得整整齐齐的展台，这下全乱套了。我红着脸争辩："您的老师和您自己都承认'北京人'也制作过骨器使用嘛！这些都是选出来打击痕迹很清楚的材料，怎么说它不是骨器呢？""那就等预展期间听听别人的意见再说吧！"等裴文中走后，我们又一件一件地把标本摆放好。

这件事传到了杨钟健的耳朵里，没想到这点小事杨钟健十分重视。他认为，对骨器的看法有分歧，就应把问题公开化，加以讨论。否则在一个陈列馆里各说各的，认识不统一，参观者更搞不明白，这就不像话。直到1959年，我才在《考古学报》第3期上发表了一篇题为《关于中国猿人的骨器问题》的文章。文章一开始，我对周口店关于骨器的研究、不同的意见和看法做了阐述。针对裴文中1938年发表于《中国古生物志》上的论著《非人工破碎之骨化石》所说的把碎骨分啮齿类动物咬碎、食肉类动物咬碎、食肉类动物爪痕、腐蚀纹、化学作用、水的作用等几点原因，摆出了我的看法。

关于被石块砸碎的问题，我在文中写道：

洞顶塌落下来的石块把洞内的骨骼砸碎是完全可能的……砸碎的骨骼一般都看不出打击点，即使偶尔看出砸的痕迹，但它没有一定的方向，而又集中于一点上。同时被砸碎的骨骼在他的周围还可以找到连接在一起的碎渣。

关于人工打碎的痕迹的问题，我在文章里说：

　　问题是在于打碎的目的是什么。有人认为：打碎骨骼是为了取食里面的骨髓。这种说法并非不近情理……那么，是不是所有人工打碎的骨骼都可以用这个原因来解释呢？我认为不能，因为有许多破碎的骨骼用这一原因就解释不通。

　　我们发现了很多破碎的鹿角，肿骨鹿的角虽然多是脱落下来的，但斑鹿的角则是由角根地方砍掉的。这两种鹿的角，多被裁成残段，有的保存了角根，有的保存了角尖。肿骨鹿的角根一般只保存12～20厘米长，上端多有清楚的砍砸痕迹；斑鹿的角根保存的部分较长，上下端的砍砸痕迹都很清楚，并且第一个角枝常被砍掉。发现的角尖以斑鹿的为多，由破裂痕迹观察，有许多也是被砍砸下来的。在肿骨鹿的角根上，常见有坑疤，在斑鹿的角尖上，常见有横沟，很可能是使用过程中产生的痕迹。

　　有一些大动物的距骨和犀牛的肱骨，表面上显示着许多长条沟痕，从沟痕的性质和分布的情形观察，可以断定它们是被当作骨砧使用而砸刻出来的。

　　破碎的鹿肢骨发现最多，特别是桡骨和距骨，它们的一端常被打成尖状，有的肢骨还顺着长轴被劈开，一头再打成尖形或刀形。此外还有许多的骨片，在边缘上有多次打击的痕迹。像上述的碎骨，我们不仅不能用水冲磨、动物咬碎或石块塌落来说明它，也不能用敲骨吸髓来解释……敲骨吸髓，只要砸破了骨头就算达到了目的，用不着打成尖状或刀状，更用不着把打碎的骨片再加以多次打击。特别是鹿角，根本无髓可取，更不能做无目的的砍砸。

对于被水冲磨的痕迹和被动物所咬的痕迹，我认为：

> 被水冲磨的碎骨很多……但是这种痕迹很容易识
> 别……动物咬碎的骨骼和人工打碎的骨骼虽然容易混淆，但
> 仔细观察，仍可以区别开来的，因为牙齿咬碎的常常保持着
> 上宽下窄条形的齿痕，而这种齿痕又多是上下相对应的。
>
> 被啮齿类动物咬过的痕迹是容易区别的，因为它们都
> 是成组的、直而宽的条痕，好像是用齐头的凿子刻出来的；
> 条痕之间有左右门齿的空隙所保留的窄的凸棱，而且由于
> 上下门齿咬啃，条痕是上下相对的。

裴文中对我的意见提出了反驳，他在《考古学报》1960 年第 2
期上发表了《关于中国猿人骨器问题的说明和意见》的文章。文章说：

> 我个人还有些不同意贾先生 1959 年的说法。我个人认
> 为，打碎骨头，是因为骨质内部结构的关系，骨头破碎时
> 自然成尖形或刀状。这不是中国猿人能力所能控制的，不
> 是有意识地打成的。
>
> ……
>
> 我个人不反对：周口店的一些碎骨上有人工的痕迹。
> 就是最保守的德日进也承认鹿角上有被烧的痕迹，也有人

工砍砸的痕迹。但是他认为是因为要在洞内食用鹿头，有庞大的鹿角进出洞口会不方便，所以将鹿角砍砸下来。他的意见是鹿角被烧了以后，容易砸落，烧的痕迹可以证明是为了砍掉鹿角而遗弃不食……

裴文中的文章最后说：

> 贾先生应该不会忘记自己所说的话："骨片之中，虽有若干是经过人力所打碎，但是有第二步工作的骨器极少，如果严格地说，连百分之一都不足。"

我与裴文中的争论，都是学术问题，观点不同而争鸣在学者之间是很正常的。有时争得面红耳赤，但不伤感情。我们得到稿费时，还经常一起到饭馆"撮"一顿。

对"北京人"化石和伴生出土的哺乳动物化石的研究，以及对出土化石层的绝对年代的测定认为，"北京人"是生活在70万～20万年前，一般准确说法是50万～20万年前，属于直立人。对"北京人"所使用的工具——石器、骨器进行的研究说明，他们打制的石器已经很好，并有不同的分类，这证明他们根据使用上的不同，已能打制出不同类型的石器。"北京人"还会使用火，并能使火成堆不向四周蔓延，这也证明了他们可以控制火。50万年前的"北京人"能一下就懂了这么多吗？这些经验是需要很长时间的实践和总结，一代一代传授下来的。那么"北京人"能是最原始的人吗？

我和山西省考古研究所的王建都有相同的看法。而裴文中则认为"北京人"是世界上最早的人类，不会再有比"北京人"更早的人类了。我们认为裴先生的看法是把古人类学关上了大门，不利于这门学科的发展，因而我们写了题为《泥河湾期的地层才是最早人类的脚踏地》的短论，发表在 1957 年第 1 期《科学通报》上。

泥河湾期的标准地点在河北省西北部的阳原县境内，为一个东西长近百米，南北宽近 40 米的湖相沉积，以前在国际上一直被认为是距今 200 万～100 万年前早更新世地层的代表。我们在文章中这样写道：

中国猿人的石器，从全面来看，它是具有一定的进步性质的。我们从打击石片上来看，中国猿人至少已能运用三种方法，即摔击法、砸击法、直接打击法（锤击法）。从第二步加工上来看，中国猿人已能将石片修整成较精细的石器。从类型上来看，中国猿人的石器已有相当的分化，即锤状器、砍伐器、盘状器、尖状器和刮削器。这种打击石片的多样性和石器在用途上的较繁的分工，无疑标志着中国猿人的石器已有一定的进步性质。虽然如此，但也不容否认，中国猿人的石器和它的制造过程还保留着相当程度的原始性质。

人类是否有一个阶段是用"碎的石子，以其所成的偶然状为工具呢"？肯定是有的。但事实证明，这种人类不是中国猿人，而应该是中国猿人以前的，比中国猿人更原始的人类。假若没有这样一个阶段，就不可能有中国猿人那样的石器产生。因为事物是由简单到复杂，由低级到高级而发展的。同时很多事实表明，人类越在早期，他的文化进程越慢。那么中国猿人能够制造较精细的和种类较多的石器，这是人类在漫长岁月中同自然做斗争的结果。由此可见，显然与中国猿人时代相接的泥河湾期还应有人类及其文化的存在。

裴文中对我们的短论进行了反驳。1961年他在《新建设》7月号杂志上发表了《"曙石器"问题回顾》的文章。文章说：

至于说中国猿人石器之前有人工打制的"石器"，我觉得这种说法也难以成立。周口店第13地点的时代是要比第1地点较早一些，但周口店第13地点的石器，我们始终认为它仍然是中国猿人制作的。而且也只有1件石器，虽然它的人工痕迹没有人怀疑，但不能说是一种文化，或者说是中国猿人文化以外或以前的一种文化。更不能证明中国猿人之前，存在着另一种人类，如莫蒂耶所说Homosinia（半人半猿）之类的人一样。

至于说中国泥河湾期（即更新世初期）有人类或有石器，我们应该直率地说，至今还没有发现同样的问题，也就是"曙石器"问题。在西方学者中曾争论了近百年，也有许多人尽了很大的努力寻找泥河湾期（欧洲维拉方期）

的人类化石和石器，但没有成功。如果欧洲的科学发展程序可以为我们借鉴的话，我们除了在一些基本原则问题上展开"争鸣"以外，是否可以做一些有用的工作，如试验、采集工作？这比争论现在科学发展还没到达解决时间的问题，或比在希望不大的地层中去寻找有争论的"曙石器"，可能更有意义一些。

我和裴先生对"北京人"是不是最原始的人的争论，引起了很大轰动。《新建设》《光明日报》《文汇报》《人民日报》《科学报》《历史教学》《红旗》等报刊上都发表了对此争鸣的文章和意见。参加这场争鸣的人除了我和裴文中外，还有吴汝康、王建、吴定良、梁钊韬、夏鼐等先生。大家都认为中国猿人不是最原始的人。

1962 年，夏鼐在《红旗》17 期上，发表了《新中国的考古学》的文章，其中有这样一段话：

> 1957 年山西芮城县匼河出土的石器，据发现人说，比北京猿人还要早一些。现在我们可以将我国境内人类发展的几个基本环节联系起来。最近，关于北京猿人是不是最原始的人这一问题，引起了学术界热烈的争鸣。有的学者认为，北京猿人已知道用火，可以说已进入恩格斯和摩尔根所说的人类进化史上的"蒙昧期中期阶段"，不会是最古老的、最原始的人。匼河的旧石器也有比北京猿人为早的可能。

到了这时，这场长达四年之久的争论才算停止。虽然没有争出个子丑寅卯，但对这门学科是个大促进，它给这门学科也带来了很大的动力，大家为了寻找比"北京人"更早的人类遗骸和文化，拼命地工作，并为这门学科的发展带来了新的曙光。

找 到 了 比 "北 京 人" 更 早 的 人 类 化 石

对待科学的态度，我认为人的头脑要围着事实转，不能让事实围着自己的头脑转。对的就要坚持，不管你面对的是外国的权威，还是中国的权威。错了就要坚决改，不改则会误人、误己。

科学是要以事实为依据的，争来争去，没有证据也是枉然。1953 年 5 月，山西省襄汾县丁村以南的汾河东岸，一些工人在挖沙时，发现了不少巨大的脊椎动物化石。山西省文物管理委员会接到报告后，派王择义前往调查。在县政府的协助下，征集到了 1.1 米长的原始牛角、象的下颌骨、马牙等动物化石，还有一些破碎的石器、石片和很像是人工打制的带有棱角的石球。同年，中科院古脊椎动物研究室的古脊椎动物专家周明镇到山西了解采集的脊椎动物化石的情况。他见到了这些石片，认为有人工打击的痕迹，就把动物化石和石片等都带到了北京，准备进一步研究。旧石器除周口店外，在我国发现很少，大家见到周先生带回的材料非常高兴，并把夏鼐、袁复礼等专家请来，一是观看标本，二是讨论丁村地点是否应该发掘。结果大家一致同意把丁村发掘工作作为 1954 年古脊椎动物研究室的工作重点。1954 年 6 月，裴文中与山西省文管会的王建又到丁村进行了复查。由我任发掘队队长，裴文中、吴汝康、张国斌及山西省的王建、王择义等人参加，9 月下旬到丁村开始发掘。我们先进行了普查，共发现了化石点 9 处，编号为 54：90 ~ 54：98。后又在附近发现了 5 处，编号为 54：99 ~ 54：103。前后共发现了 14 处。我们只选择了 9 处地点发掘，重点集中在 54：98、54：

99 和 54∶100 三个地点。我们共计发掘了 52 天，挖土方 3320 立方
米，共采集包括蚌壳、鱼、哺乳动物化石、石器等 40 余箱。在 54∶
100 地点还发现了 3 颗人牙。后经吴汝康先生研究，认为人牙属于
"北京人"与现代人之间的人类——丁村人。石器经我和裴文中研究，
就时代而论，比周口店中国猿人（"北京人"）文化及第 15 地点的
文化较晚，即属更新世晚期。但丁村文化是我国发现的一个旧石器
时代晚期文化，无论在中国和欧洲，以前都没有发现类似文化。最
初我们推论丁村文化是山顶洞人和"北京人"之间的一个环节，我
们把各地点的石器都作为同一个时期的石器来看待。随着进一步研

究，才发现各地点的时代并不相同，各地点的石器类型也不一致。

丁村旧石器遗址的发现，证明了旧石器文化在中国有着不同的传统，并非只有周口店"北京人"一种传统。丁村人的时代也比"北京人"的时代晚。虽然还没找到比"北京人"更早的人类化石和文化，但这对于这门学科也是可喜可贺的。

1957 年和 1959 年，为了配合三门峡水库的建设，中国科学院古脊椎动物与古人类研究所在那一带做了许多工作。从发现的材料看，那一带是研究第四纪地质、哺乳动物化石和人类遗迹的重要地点。1960 年，我们把匼河一带作为年度工作重点，同年 6 月我带队前往发掘，重点定为"60：54"地点。那里的地层剖面很清楚，最下面的是淡褐色黏土，时代应为距今 100 多万年的更新世早期。在这层上面含有脊椎动物化石和旧石器的桂黄色的砾石层，有 1 米厚；往上是 4 米厚的层次不平的交错层；再上是 20 米厚的微红色土，夹有褐色土壤和凸镜体薄砾石层；最上面是很晚的细砂和砂质黄土。在这里我们发现了扁角大角鹿、水牛、师氏剑齿虎等哺乳动物化石。发现的石制品是以石片为主，有大小石片和打制石片剩下来的石核以及一面或两面加工过的砍斫器等。扁角大角鹿在周口店"北京人"地点最下层和第 13 地点也发现过，根据这种动物的生存年代和绝种年代，我们认为匼河地点的时代应划为更新世中期的早期。从石器上观察，"北京人"的石器在制作技术上比匼河发现的石器有进步。尽管匼河的石器也有早晚之分，我们都按同一个时代看待它们，无疑匼河的石器要早于"北京人"使用的石器，至少 60：54 地点的发现是如此。

虽然我们把重点放在匼河，但仍派出一部分人在附近搜寻新地点。在距匼河村东北 3.5 千米，黄河以东 3 千米的西侯度村背后，当地人称为"人疙瘩"的一座土山之下的交错砂层中，我们发现了 1 件粗面轴鹿的角，粗面轴鹿生活在 100 万 ~ 200 万年前。在发掘粗面轴鹿角的过程中，还发现了 3 块有人工打击痕迹的石器。为了慎重起见，我们在《匼河》一书中，只说："其中还发现了几件极有可能是人工打击的石块。"1961 年的 6 至 7 月间和 1962 年春夏之际，王建又主持了两次发掘。发掘都是在"自然灾害"等原因造成全国人民生活极端困难的情况下进行的。西侯度地点的地层部面十分完整，总厚 139.2 米。产化石和石器的地层位于距底部 79 米之上的交错砂层中，有 1 米左右厚。从剖面就能看出，含化石和石器的地层属于更新世早期。发现的哺乳动物化石有剑齿象、平额象、纳玛象、双叉麋鹿、晋南麋鹿、步氏真梳鹿、山西轴鹿、粗壮丽牛、中国长鼻三趾马等，它们都是更新世早期的绝灭种。与化石同层发现的石器，除 1 件为火山岩、3 件为脉石英外，其余都是各种颜色的石英岩。在石器组合中，有石核、石片、砍砸器、刮削器和三棱大尖状器，最大的石核有 8.3 千克重。我和王建在研究了这些石器后，写了《西侯度——山西更新世早期古文化遗址》一书。

西侯度遗址的发现，使更多的人确信"北京人"不是最早的人类，这从文化遗存上得到了证实。能不能找到 100 万年前的人类化石呢？

1959 年，地质部秦岭区测量大队的曾河清在一次三门峡第四纪地质会议上，介绍了陕西省蓝田县泄湖镇的一个第三纪和第四纪的剖面。同年，中国科学院地质研究所的刘东生先生也到泄湖镇采集脊椎动物化石标本，并对第三纪地层做了划分。根据这条线索，中国科学院古脊椎动物与古人类研究所于 1963 年 6 月派出张王萍、黄万波、汤英俊、计宏祥、丁素因、张宏等 6 人组成的野外工作队，到蓝田县一带，开展了系统的地质古生物调查和发掘。7 月中在距蓝田县西北 10 千米的泄湖镇陈家窝村附近发现了一个完好的人类下颌骨和一些石器。下颌骨经吴汝康先生研究是距今 50 万 ~ 60 万年前的直立人下颌骨。吴先生定名为"蓝田猿人"。这一发现巩固了蓝田地区在学术上的重要地位。

1963 年第四季度，全国地层委员会扩大会议在北京举行。会上提出中国科学院古脊椎动物与古人类研究所与其他单位协作，再次对蓝田地区进行大范围的新生代（从六七千万年前到现在）时期的地层进行详细调查。参加这次调查的有地方部门、大专院校和中国科学院有关研究所共 9 个单位，对这一地区的地层、地貌、冰川、新构造、沉积环境、古生物、古人类和旧石器考古等学科涉及的领域进行综合性的考察和研究。古脊椎动物与古人类研究所除了参加地层调查工作外，还承担古生物、古人类和旧石器的发掘和研究任务。

1964 年春，所里派遣了以我为队长、由赵资奎等人组成的发掘队，对蓝田地区新生界进行了更大规模的调查和发掘。经过 3 个月的努力工作，我们不仅填制了 450 平方千米的 1:50000 新生代地质图，实测了 30 多个具有代表性的地质剖面，还发掘出大量的脊椎动物化石和人工石制品。5 月 22 日在蓝田县城东 17 千米的公王岭发现了 1 颗人牙。当我赶到发现地点时，天下着小雨，大家正围着大约 1 立方米被钙质结胶的土块商量。土块上露出了很多化石，化石很糟朽，一不小心，就会把化石挖坏。能否整块地运回北京，再慢慢地修理？经过讨论，大家决定用"套箱法"，即用大木箱将土块套起来，再将土块底部挖空，把箱子扶正，往空隙处灌上石膏。这一箱被钙质结胶在一起的化石运回北京后，经过技工几个月的修理，除了修出来哺乳动物化石外，10 月 19 日还修出了 1 颗人牙。几天后又出现了 1 个人的头盖骨、上颌骨和 1 颗人牙。

人类化石经吴汝康先生研究认定是距今 110 万年前的直立人头骨。吴先生也把它定名为"蓝田中国猿人"。其实公王岭的头骨应称"蓝田直立人"，简称"蓝田人"，而陈家窝的下颌骨从构造看应属"北京人"。

蓝田直立人的发现，又一次在国内外引起轰动，这是继 20 世纪 20 年代末、30 年代中期周口店发现了"北京人"之后，在我国发现的又一个重要的直立人头骨化石。它不仅扩大了直立人在我国的分布范围，而且把直立人生存的年代往前推进了五六十万年，从而给在我国有没有比"北京人"更早的人的争论画上了圆满的句号。

随之，1965 年在我国的云南省元谋盆地上那蚌村附近的小丘梁发现了 2 颗人的上门齿，经研究测定，为 170 万年前的直立人化石。1998 年在四川省巫山县的龙骨坡也发现了 200 万年前的石器，安徽省繁昌县也发现了 240 万 ~ 200 万年前的石器。这证明了人类历史的源头越来越提前。

人类起源的演化过程

　　周口店发现了"北京人"头盖骨之后，人们对人类起源的认识大为改观。过去反对人类起源于猿，说"人就是人，怎么能是从猿猴变来的呢"的那些人沉默了。在周口店不但发现了人的头盖骨，而且还发现了人工打制的工具——石器以及骨器、鹿角器、灰烬、烧石、烧骨等人为的证据。我曾说过这样的话："'北京人'解放了其他国家所发现的早期人类化石。"

　　随着社会不断地前进，古人类学和旧石器考古学不断地壮大和发展，许多珍贵的人类化石和他们使用的石器在世界各地不断地被发现，古人类学基本上已经能够较完整地向人们展示人类演化的历史全过程。尽管在人类进化过程中仍存在很多缺环，有些问题还有很大的分歧和争议，但人类起源于猿的论点再没有人反对了。

　　既然人是从猿进化来的，人猿同祖，那么，人、猿、猴的祖先又是什么样的呢？这就要先了解灵长类的起源。

最古老的灵长类，也就是人类及现代所有猿猴的共同祖先，可上溯到6500万年前的古新世。这种动物不像猴，倒像松鼠，是爱在地上乱窜、专门以昆虫为食的胆小哺乳动物。在古新世，地球上到处都是热带森林，在这大片的森林中有很多很多外形像老鼠的哺乳动物，像今天的田鼠、鼹鼠、豪猪等都是它们的近亲。可能树上的食物比地上丰富，有一些像老鼠一样的早期哺乳动物开始爬上了树，以果实、昆虫、鸟蛋及幼鸟为食。今天仍有这种早期灵长类的后裔，可称它们为"原猴"，其中包括狐猴和眼镜猴。这些原猴几千万年以来，体形骨骼几乎没什么变化，因为它们非常适应这样的生活环境。但是另外一些种类的原猴变化很大，它们随着环境、气候或其他与之生存相关的动物的变化，可能影响到物种的演变。这种变化大的原猴，由于树栖生活的缘故，它们的后肢变长，前爪渐渐失去了像鼠类那样的尖爪，变成了扁平的指甲。以后它们出现了特有的神经系统，能控制肌肉运动。它们还产生了立体视觉，大幅度地转动脑袋，能准确地判断距离。因为不断地频繁处理从感觉器官传来的信息，并指挥四肢运动，所以它们大脑的进化程度和相对体积也都比其他动物大。到了3800万年前的始新世晚期至渐新世早期，至少已经有了较为高等的灵长类。

有一种叫"副猿"的灵长类，它的颌骨和牙齿与现代原猴类相近，是现代的眼镜猴或狐猴的祖先；还有一种叫"原上新猿"，它们身体的大小和一些结构细节与长臂猿相近；再有一种叫"埃及猿"，它的牙齿结构是典型的猿类，行动方式上也显示出了高等灵长类的特点。这类灵长类化石发现于 1966 年埃及法尤姆，距今大约 3200 万年的渐新世地层中，被一些科学家认为很可能是人和猿的共同祖先。

在亚、非、欧三大洲距今 2000 万 ~ 1400 万年前的中新世地层中，出土了许多被称为森林古猿的化石。1956 年，在我国云南省开远小龙潭的煤层中发现了一些牙齿，也被定为森林古猿。森林古猿的化石发现很多，其与黑猿较相似，但一些特征很像猴子。人们发现森林古猿的个体差异很大，有的很小，有的很大，有的在大小之间。一些科学家认为人类有可能是由某个地方的森林古猿种群演化来的。

1932 年，美国古人类学家路易斯在印度和巴基斯坦交界西瓦拉克山发现了一件中新世晚期的灵长类右上颌残片，将它称为拉玛古猿。它的齿弓不像其他猿类那样呈两侧缘，而几乎是平行的 U 形，显示出似人类的抛物线形。猿类有很长的犬齿，而人类的犬齿很小，拉玛古猿的犬齿也很小。拉玛古猿的生存年代估计在 1000 万 ~ 800 万年前。与拉玛古猿化石伴生在一起的还有另一种猿类化石，后者被称为"西瓦古猿"。它与拉玛古猿很相似，只不过拉玛古猿具有一些似人的性状。从 20 世纪 50 年代以来，一些专家把拉玛古猿看作人类演化中最古老的猿类祖先，曾称之为"尚不懂制造石器的人类的猿型祖先"。也有一些学者认为拉玛古猿和西瓦古猿是同一类古猿，只是存在性别的差异，而拉玛古猿与人无关，只是亚洲的褐猿的直系祖先。

到目前为止，究竟哪类古猿是人和猿的共同的祖先，还没有定论，众说纷纭，有待于新的材料的发现和更深入的研究。

1924 年，在南非（阿扎尼亚）的塔昂，采石工人发现了 1 具似人又似猿的残破头骨，经南非约翰内斯堡维特瓦特斯兰德大学解剖学教授利芒德·达特研究，认为这是 6 岁左右的幼儿头骨，全套乳齿保存完整，臼齿的恒齿已开始长出，犬齿像人一样很小，并能直立行走，这具塔昂幼儿可能代表了猿与人的中间环节，被定名为"非洲南猿"。1925 年，达特在英国《自然》杂志宣布了这一发现，声称找到了人类的远祖。但是，在当时这一发现遭到了各方面的怀疑而被埋没了很多年。南非比勒陀利亚特兰斯瓦尔博物馆脊椎动物馆馆长罗伯特·布鲁姆认为达特的判断是对的，只不过没有足够的证据。他经过多年的不懈努力，终于找到了不少南猿的化石材料。这些南猿化石有两种类型，一种叫纤细型南猿，一种叫粗壮型南猿。南猿能直立走走，是早期人类的祖先。

在以后，非洲有很多地方发现过南猿化石，如南非的塔昂、斯特克方丹、克罗姆德莱、斯瓦特克兰斯、马卡潘斯盖等，东非坦桑尼亚的奥杜威峡谷、肯尼亚的图尔卡纳湖东岸、埃塞俄比亚的奥莫河谷等地区。亚洲南部也有可能找到他们的踪迹。

1974 年在埃塞俄比亚的哈达地区找到了一具保存达 40% 的骨架遗骸。这是一种十分矮小纤细的南猿，被称为"露茜少女"。这是一种新的，更古老、更原始的南猿，被定名为"南猿阿法种"，经年代测定，生活在 330 万 ~ 280 万年前。此后又掀起了寻找人类祖先的高潮。

肯尼亚内罗毕柯林顿纪念博物馆的馆长路易斯·利基夫妇及儿子、儿媳，多年来一直为寻找人类的远祖和石器的制造者默默地在东非工作着。1950年，老利基夫妇在东非坦桑尼亚奥杜威峡谷找到了一个头骨。这个头骨从外表上看很像粗壮南猿，臼齿很大，但仔细观察牙齿更像人的。利基将它定名为"东非人鲍氏种"。后来这具头骨归属南猿类的一个种叫"南猿鲍氏种"。1959年，利基夫妇又在奥杜威找到了简单的、用鹅卵石制造的工具，称之为"奥杜威工具"。1960年，利基的儿子又在东非距发现东非人不远的地方发现了牙齿和骨片，这些比鲍氏种甚至比纤细型南猿更具有人的特点。利基将这具化石定为"能人"，认为这些"能人"是石器工具的制造者。这一看法被大多数学者所接受。

根据目前发现的化石材料看，学者们对人类的早期演化得出了大概的轮廓：

1. 人与猿至少在500万年前就分道扬镳了。

2. 400万～250万年前，远古人类在进化过程中，分成不同的几支，先进的与落后的同时并存。

3. 先进的一支继续向着直立人发展。落后的类型逐渐地灭绝。

能人再进一步进化，就成了直立人，他们生活在170万～30万年前。过去将他们称为"猿人"，比如，"爪哇猿人""中国猿人"（也称"北京猿人"）"蓝田猿人"等。实际上，现在看来直立人是人类在进化过程中的一环，他们会打制不同用途的石器，有使用火和控制火的文明史，而且脑量已达1000～1300毫升；下肢与现代人十分相似，说明其直立姿态已很完善。所以我们现在将他们称之为人，如"北京人"、蓝田人、元谋人等。虽然把这一阶段的人在学术上称为直立人，但并不能说明南猿和能人不能直立行走。在人类起源整个过程中，人们最初对于直立人（猿人）的全面认识，主要来自"北京人"的发现及对其文化的研究。所以 1929 年，裴文中在周口店发现的第一个"北京人"头盖骨在研究人类起源过程中占有重要的地位。

前面我们已经介绍了直立人发现的经过。直立人再进化就到了智人阶段，他们生活在 20 万 ~ 1 万年前，智人特别是晚期智人与现代人在体质上基本上没有多大的区别。

人 类 使 用 工 具 也 是 人 类 起 源 的 证 据

人是从猿进化来的，人与猿的真正区别在于人会制造工具。所以我一直认为，在从猿向人类演化的过程中，只有能制造工具时，才算是人了。

由于气候和环境的变化，热带和亚热带的森林逐渐减少，丰富的地面食物促使树栖生活的古猿开始向地栖生活转化。为了取食、防御猛兽的侵害、谋求生存和发展，它们不得不借助其他物体，来延长自己的肢体，弥补自身的不足。频繁地使用木棍和石块，慢慢地成了地面生活不可缺少的条件，这也意味着从猿到人的转变过程随之开始了。这些人科动物因频繁使用天然物，上肢逐渐从支撑身体的功能中解放出来，形成了灵巧的双手。上肢变短，拇指变长并能与其他四指相对，以便灵巧地捏、拿、握任何物体。整个下肢增强、变长，为了适应地面行走，大脚趾与其他四趾变短并靠拢，脚底形成有弹性的足弓和发达的后跟，逐渐形成了人的腿和脚。

特别是骨盆的变化更大，猿的半直立的狭长的骨盆开始向短宽强壮的人类骨盆发展，这说明人科动物正在向人的直立姿势进化。直立的姿势对身体结构也产生了一系列的深刻影响，例如，头部挺起来了，不再向前倾，颅骨的枕骨大孔位置由后逐渐前移；身体重心不断下移，脊柱逐渐形成 S 形弯曲；内脏器官的排列方式改变，大部分重量不压在腹壁上，而朝下压在了骨盆上，等等。

人与灵长类的区别，表现在直立行走、制作和使用工具，有发达的大脑和语言。双手使用天然工具，促使身体朝着直立发展，而直立又反过来进一步解放了双手。随着思维活动的增强，大脑逐渐发达起来，脑量增加了，产生了原始语言，也增强了自觉能动性，从使用天然工具逐步变成了制作适手的工具，最后到制作各种不同用途的工具。从猿到人的演化已经基本完成了。所以说古人类使用的工具，也是人类起源的最有力的证据。而古人类使用的石器和其他物品均被称为"物质文化"或"文化"。早期人类由于认识能力和技术水平很低。当他们需要找比较坚硬的材料制作工具时，最现成的原料就是石头。石头取材方便、加工简单，何况在不会制作石器之前，他们就使用了天然石块做武器或工具了。随着对石块认识的加深，他们开始有选择地使用带刃的、较为锋利的石块，用钝了就扔。人类活动的频繁和复杂化，使人类懂得了制作简单的工具。随后他们对原材料的选择也有了进一步的认识，对石器的加工也日益精致，最后能按不同的用途加工成各种各样的形状。

石器加工的粗糙与精致，除了技术原因外，原材料也是一个很重要的因素。古人类所处的生活环境中，有优质的原材料，就能打制出很精美、很锋利的石器；没有优质的原材料，打制出的石器就很粗糙。为了寻找优质材料加工石器，他们把选择优质石料作为一项重要的采集工作，或把优质石料的产地，当作他们的采集场或石器加工场。

目前，根据对旧石器时代的石器的发现和研究、比较，石器可以分成砍砸器工艺类型、手斧工艺类型、石片（石叶）工艺类型。砍砸器和手斧类型多是重型工具，石片（石叶）类型则是轻型工具。有些学者认为重型石器多为住在森林中的人使用，工具的用途以砍伐树木、敲砸骨头和坚硬的果实为主；轻型工具（最小的不足 1 克，大的也只有 10 多克）可能为草原上的人所使用。按这种说法推论，同一地点发现的石器有大有小，就是居住的环境既有森林，也有草原了。"北京人"当时在周口店居住的环境就是如此，所以其地点发现的石器有大也有小。

世界各地发现的石器各不相同，这只是从总体上来看的，相同的类型有时也有，只是比例上有大有小而已。欧洲发现的石器多是用石核或厚石片两面打成的，又称作"两面器"。这种石器在欧洲占有主要的地位。我国的石器多数是石片再加工成的，虽然也有石核打制成的石器，但比例不大。相反，在欧洲发现的石器虽然也有石片石器，但为数较少，在打击石片、制作方法和器形上也与我国的不同。

随着人类历史的发展，人们认识到了强化生产活动和工具使用的效率这个问题。旧石器时代的中晚期已有磨光石器被零星使用，磨光石器一直被认为是新石器时代的代表性物品。磨光石器一般被认为与砍伐树木、开田务农有关。虽然打制的石斧也能砍伐树木，但很容易变钝，需要经常修理，而修理后的石斧又不如原来的锋利，大大影响了工具的使用寿命。经过磨光后的石器，表面光滑，刃口平直，砍伐时的阻力比不磨光的小得多。虽然磨光一件石斧要比打制一件石斧花费的时间长得多，费力也多，但它们的使用寿命也长，使用时也很省力。有一项试验表明，一件磨光的石斧在 4 个小时里砍伐了 34 棵树之后，刃口才变钝。随着农业的出现，在农耕中采用磨光的石锄和石镰有着极大的优越性。以后磨光石器应运而生。

长期以来，把磨光石器作为新石器时代的代表器物的同时，也把陶器视为新石器时代的一种标志。陶器的发明和使用，与人类农耕定居活动有着密切的关系，与人类生活方式的变化有关。陶器的功能一般用于贮藏和炊煮食物。但在陶器发明之前，在旧石器时代晚期，制陶技术就已经出现，那时只是用焙烧方法制作陶像，还没想到用这种方法也能烧制容器。制陶工艺在 28000 ～ 24000 年前开始出现，而陶器的出现要晚 14000 年左右。

如何划分旧石器时代和新石器时代，学术界现在还没完全统一。有的学者在旧石器时代和新石器时代之间又划出一个"中石器时代"，但我并不赞成这种划分。我国早在 28000 年前就有了磨制技术，农耕的出现也比估计的要早，距今 13000 年前就发现了陶片，所以我认为陶制品就是很好的凭证，只要有了陶器，那么就可以称为新石器时代了。

人类诞生在地球历史上的位置

人类进化的历史已经有几百万年了，但与地球的历史相比较，也只不过是很短很短的时间。尽管早期的人类化石材料不断地被发现，人类起源的时间也越来越提前。根据我个人的观点，人类的历史已经有 400 万年了，但与地球的历史相比也只是一瞬间。

现在探索的结果是，地球的形成已有 45 亿 ~ 50 亿年了。根据地史学的研究和国际上的统一规定，整个地球的历史分为五个大的阶段，这五大阶段称作"代"：太古代、元古代、古生代、中生代、新生代。每个代再分成若干个次一级的单位，叫作"纪"；每个纪再分成若干个再次一级的单位，叫作"世"。还有的国家和地区，把"世"又分成若干"期"。

太古代，地球形成之后，很长一段时间内是没有生命的，生命还处在化学进化阶段，这个年代距离我们今天太遥远了。

元古代，大约距今 17 亿年前，地壳发生了一次大的变动，生物界出现了一次大的飞跃，生命从化学进化阶段一跃而进入了生物进化阶段，有生命的物质开始出现。元古代又分成前震旦纪和震旦纪。元古代的早期叫作前震旦纪，晚期大约开始于 19 亿年前，结束于 5.7 亿年前，叫作震旦纪。

古生代，大约在距今 5.7 亿年前，地球的环境又发生了一次大的变动，促使生物界出现了一次空前的大飞跃，大量的古代生物在地球上开始出现。古生代分成了 6 个纪：寒武纪，始于 5.7 亿年前，结束于 5 亿年前；奥陶纪，始于 5 亿年前，结束于 4.4 亿年前；志留纪，始于 4.4 亿年前，结束于 4 亿年前；泥盆纪，始于 4 亿年前，结束于 3.5 亿年前；石炭纪，始于 3.5 亿年前，结束于 2.85 亿年前；二叠纪，始于 2.85 亿年前，结束于 2.3 亿年前。

中生代，大约在二叠纪末期，由于环境适宜，地球上的脊椎动物大量涌现，特别是爬行动物空前繁盛。各种"龙"特别多，水中有鱼龙，空中有翼龙，陆上有各种恐龙，所以中生代又称为"龙的时代"。中生代划分为三个纪：三叠纪，始于 2.3 亿年前，结束于 1.95 亿年前；侏罗纪，始于 1.95 亿年前，结束于 1.35 亿年前；白垩纪，始于 1.35 亿年前，结束于 6700 万年前。

新生代，在中生代末期，地球的气候发生突然变化，也有人认为是彗星撞上了地球，植物大量毁灭，引起了生物界的连锁反应，以植物为生的动物大批大批灭绝，又给以食肉为生的动物带来了死亡的威胁。总之，在地球上称霸一时的各类恐龙大批绝灭，而在中生代出现的一支弱小的哺乳类动物，得到了生存和发展的机会，派生出很多支系，使地球上的生物出现了一个崭新的面貌，地球也进入了一个更加繁荣的新时代。新生代分两个纪：第三纪和第四纪。第三纪又划分五个世：古新世、始新世、渐新世、中新世、上新世。第四纪分为两个世：更新世和全新世。

　　人类是在第四纪开始出现和进化的，比起地球的历史当然是一瞬间的事。有一位科学家打了一个通俗的比喻，如果把地球的历史比作一天的 24 小时，那么 1 秒相当于地球历史的 5 万年。按现今的发现，把人类的历史按 300 万年计算、人类的出现只相当于 24 小时的最后一分钟。

午夜零点	地球形成
5 时 45 分	生命起源
21 时 12 分	鱼类产生
22 时 45 分	哺乳类动物出现
23 时 37 分	灵长类出现
23 时 56 分	拉玛古猿出现
23 时 58 分	南方古猿出现
23 时 59 分	能人出现
午夜前 30 秒	直立人（猿人）出现
午夜前 5 秒	智人出现

　　第四纪开始的重要标志是人类的出现。由于古人类化石不断地被发现，而且人类化石的年代越来越早，所以第四纪起始的年代也越来越往前提。20世纪20—30年代，在古人类学和考古学研究领域中，一般认为"北京人"是属于更新世早期的人类。第四纪起始年代定为距今约60万年前。随着爪哇人被承认为直立人阶段的古人类，而且年代比"北京人"还要早，国际地质学会1948年在伦敦的会议上，把欧洲的维拉方期和中国的泥河湾期划归为更新世早期，"北京人"生活的时代为更新世中期，第四纪起始年代改为约100万年前。到了20世纪60年代，超过100万年的古人类化石又不断地有了新发现。第四纪起始年代又前推到了200万～150万年前。近十多年，非洲大陆不断地有更早的人类化石发现，第四纪起始年代又推到300万年前。

　　我认为，根据目前的发现，必将在上新世距今400多万年前的地层中找到最早的人类遗骸和最早的工具，（人）能制造工具的历史已有400多万年了。

　　1989年，在美国西雅图举行的"太平洋史前学术会议"上，我曾建议把地质年表中的最后阶段"新生代"一分为二，把上新世至现代划为"人生代"，把古新世至中新世划为新生代。我认为这样的划分比过去的划分更明确。

21世纪古人类学者的三大课题

随着我国的改革开放，经济上的崛起，科教兴国政策的实施，在科学和文化领域必将有一个欣欣向荣的崭新面貌。有人称21世纪是中国在各方面全面发展的世纪。从20世纪初我国兴起古人类学、旧石器考古学，到目前为止，对人类起源的时间、人类起源的地点、人类在演化过程中先进与落后的重叠现象这三大课题的探索还没有一个满意的答案，这将是这门学科在21世纪的主要研究课题，也是古人类学研究中最引人注目和最富有吸引力的课题。

人类起源的地点，最初有人认为是欧洲，因为欧洲研究古人类的历史较早，最早发现的古人类化石也在欧洲。随着古人类学的发展，古人类化石和文化的不断发现，欧洲起源说没人赞同了，就连欧洲的学者也承认人类起源地不在欧洲。后来非洲发现了古人类化石，有人把目光转向了非洲，说人类起源于非洲。当亚洲有了更多的古人类化石发现后，又有人认为亚洲是人类的发祥地。这个问题直到现在还在争论。

美国学者马修1911年在纽约科学院宣读了《气候与演化》的论文（1915年正式出版），论文中他支持1857年利迪提出的人类起源于"中亚"的论点。利迪认为，在中亚高原或附近地带出现了最早的人类。不过利迪的论点在当时没有受到人们的重视并被接受。美国人类学家奥斯朋1923年提出：人类的老家或许在蒙古高原。他认为最初的祖先不可能是森林中人，也不会从河滨潮湿、多草木、多果实的地方崛起。只有高原地带环境最艰苦，人类在那里生活最艰难，因而受到的刺激最强烈，这反而更有益于演化，因为在这种环境中崛起的生物对外界的适应性最强。

我的观点是，人类起源于亚洲南部即巴基斯坦以东及我国的广大西南地区。这是因为1965年在我国云南省元谋盆地发现了170万年前的元谋直立人牙齿，1975年在云南省开远县和禄丰县发现了古猿化石，这种最初定名为拉玛古猿的化石出土的褐煤层，距今有800万年的历史，处于中新世晚期到上新世早期。这种古猿最带有人的性质，被称为"尚不懂制造石器的人类的猿型祖先"。在元谋县班果盆地也有人型超科化石的发现。

1975年，中国科学院古脊椎动物与古人类研究所的专家们，到喜马拉雅山脉中段和希夏邦马峰北坡海拔4100～4500米的古陆盆地考察，发现了时代为上新世（距今500万～200万年前）的三趾马动物群。除三趾马外，还有鬣狗和大唇犀等。从三趾马的生态环境看，那里多是森林草原的喜暖动物。根据当地孢子的花粉分析，此地曾生长椎木、棕榈、栎树、雪松、藜科和豆科植物，这些都属于亚热带植物。

1966—1968 年，中国科学院组织的珠穆朗玛峰综合考察队，连续三年在那里进行考察和研究。郭旭东先生发表了论文，认为在上新世末期（200 多万年前），希夏邦马峰地区的气候为温湿的亚热带气候，年平均温度为 10℃ 左右，年降水量 2000 毫升。喜马拉雅山在上新世时高度约海拔 1000 米，气候屏障作用不明显。这些条件都适合古人类的生存。我在 1978 年出版的《中国大陆上的远古居民》一书就这样表述过，"由于上述的理由我赞成'亚洲'说，如果投票选举的话，我一定投'亚洲'的票，并在票面上还要注明'亚洲南部'字样"。

关于人类起源的时间也是大家最关心的问题。人是由猿进化来的，已经没有疑义了，那么人猿相区别是在什么时候呢？人是与猿刚一区别的时候就应该叫作人，还是从能制造工具的时候才算人呢？周口店"北京人"发现之后，才知道人已有 50 万年的历史了。随着对"北京人"使用的工具——石器的深入研究，发现他们的加工很细，不但能选用石料，还能分出各种类型，这证明"北京人"因用途不同而会打制不同类型的石器。再有，在"北京人"遗址发现了灰烬，而且成堆，里边还有被烧烤过的石头和动物骨骼，这证明"北京人"不但已经懂得使用火，而且还会控制火。这些进步都不可能在很短的时间内认识到或者做到，必须经过很长时间的实践和总结。因而我和王建先生提出了"北京人"不是最原始的人的论点，并发表了《泥河湾期的地层才是最早人类的脚踏地》的短论，引起了长达 4 年之久的公开争论。随后发现了元谋人、蓝田人化石，西侯度、东谷坨、小长梁等地的石器，经研究证明，它们都比"北京人"早得多，距今已有180万~100万年的历史。就文化遗物——石器而言，目前发现的石器都有一定的类型和打制技术，当然不能代表最原始的技术，但目前谁也不能肯定地说出最原始的石器是什么样。现在又有了最新进展，在四川省巫山县的龙骨坡发现了200万年前的石器，在安徽省繁昌地区也发现了240万~200万年前的石器。

我在1990年发表的《人类的历史越来越延长》一文中说过："……（人）能制造工具的历史已有400多万年了。"说来也巧，这篇文章发表不久，美国人类学家就在非洲发现了400多万年前的人类化石。

人类在演化过程中的重叠现象是非常复杂而又十分棘手的问题。人在演化过程中并不是呈直线上升的，而是原始与进步同时并存的，我把它叫作"重叠现象"。这种表现最为显著的是，辽宁省营口发现的金牛山人和周口店发现的"北京人"相比，金牛山人比"北京人"要进步得多，属早期智人。而"北京人"生活的年代是70万~20万年前，在这段时期内，"北京人"的体质变化不大，这就说明先进的金牛山人出现的时候，落后的"北京人"的遗老遗少们还仍然生存于世。他们之间可能见过面，也可能为了生存彼此之间还打过架。这种重叠现象，并非仅在中国存在。

重叠现象不仅存在于人类演化的过程中，他们遗留下来的石器也屡见不鲜。过去我在华北工作的时间较长，把华北的旧石器文化划分为两个系统，这是按照石器的大小和使用的不同而划分的。在广大的国土上是否有其他系统和类型？答案是肯定的。因为人类有分布，文化有交流和交叉。

在河北省阳原县小长梁发现的细小石器，制作精良，最小的还不到 1 克重。这些石器能与欧洲 10 万年前的石器媲美。1994 年中国科学院地球物理研究所专家用先进的超导磁力仪测定，小长梁遗址距今为 167 万年。虽然这为我提出来的"细石器起源于华北"增加了证据，但石器之小，打制技术之好，年代之久远，仍是令人百思不得其解。是什么人打制的呢？

以上三大问题是 21 世纪古人类学者和旧石器考古学者面临的重大课题。不是外国人说什么就是什么，也不是一两个"权威"就能说了算数的，这是全世界这门学科的学者所面临的课题。既然如此，就应该展开国际合作，特别是要培养更多的年轻人参加到这门学科队伍中来，他们思想开放，更容易掌握先进技术和方法。要解决这三大问题，古人类学者和旧石器考古学者任重而道远。

保护"北京人"遗址

我是从发掘周口店起家的,我的成长、事业、命运都与周口店紧紧地连在一起。没有周口店,也就没有我的今天。青少年朋友可能不知道有我这个贾兰坡,但一定会知道周口店"北京人"遗址,这在课本上都会学到的。在周口店"北京人"遗址里,发现古人类和古脊椎动物化石材料之多,背景之全,在世界上是首屈一指的。很多科学论著、科普文章、教科书以及一些报纸杂志在论述人类起源问题时,不论是国内的还是国外的,都会提及周口店。这也说明周口店在研究人类起源问题上的重要位置。1987年,联合国教科文组织将周口店"北京人"遗址列入《世界文化遗产名录》。1992年,北京市政府把周口店"北京人"遗址列为北京青少年教育基地。同年,它又被评为北京十大世界旅游景点之一。1993年,在第七届全运会上,我亲手在这里点燃了"文明之火"的火种,它与"进步之火"

在天安门广场汇合，象征着中华民族的文明与进步日益腾飞。

到 1999 年的 12 月 2 日，距离"北京人"第一个头盖骨的发现已经 70 年了。自从敲开了"北京人"之家的大门后，"北京人"遗址有了它非常辉煌的时期，而如今由于经费不足，无力保护和修缮，第 1 地点、山顶洞、第 4 地点、第 15 地点都受到不同程度的损坏。有人在著述中很形象地比喻说："它就像人们迁入了现代化的公寓后，无意再光顾昔日的竹篱茅舍一样受人冷落。"有人在《光明日报》上撰写文章说，周口店遗址以厚厚的尘埃和萧条陈旧的衰落之态呈现于世人面前。1988 年，联合国教科文组织在中国考察了几处文化遗产，指出周口店遗址比起故宫、长城、秦俑、敦煌，是目前保护最差、受损最严重的一处。

随着社会的进步，科学的发展，现代文明越来越被人们接受。我们古老的祖先——"北京人"早在 50 万年前，就学会了打制各种类型的石器，特别是学会了用火，并能控制火。他们也在创造文明。我们决不应该忘记。

我曾多次著述和呼吁：要保护好这个世界文化遗产，希望有识之士像 20 世纪 30 年代的洛克菲勒基金会一样资助周口店。可喜的是，党和政府正在着手做这方面的工作。1996 年，联合国教科文组织、中国科学院、法中人种学基金会联合召开了"修复世界文化遗产——北京人遗址"方案论证会。论证会十分成功。有关方面将着手拨款在周口店修建一个世界一流的古人类博物馆，抢修第 1 地点和山顶洞的方案也在筹备之中。

我常想，要把这门学科世世代代传下去，就要为青少年普及这方面的科学知识，使青少年能够产生对这门学科的爱好。既然周口店是青少年教育基地，那么，除了保护好它之外，在有条件的情况下，在遗址周围还应该仿照 50 万年前的情景，种上树木和草丛，塑造出正在打制石器、狩猎、采集果实、使用火的"北京人"，逼真地再现"北京人"的生活场景，使参观者一走入"北京人"遗址的大门就仿佛倒退到 50 万年前。这样，"北京人"遗址会越来越受到人们，特别是青少年的喜爱，成为真正的教育青少年的基地。青少年对这门学科产生了浓厚的兴趣，就会有更多的青少年加入这门学科队伍中来；这门学科有了新鲜的血液，就会更有活力，就能有更加快速的发展，也就能再现新的辉煌。

附 录　古 人 类 化 石 表

南方古猿类化石

名称	发现时间	国别	发现地点	主要标本	地质年代或距今年代	曾用学名
非洲南方古猿	1924 年	南非（阿扎尼亚）	塔昂（Taung）	头骨	早—中更新世	非洲南方古猿（Australopithecus africanus）
	1936 年	南非（阿扎尼亚）	斯特克方丹（Sterkfontein）	头骨、肢骨	早更新世	德兰士瓦迩人（Plesianthropus transvaalensis）
	1939 年	坦桑尼亚	加鲁西（Garnsi）	左上颌骨		非洲魁人（Meganthropus afficanus） 非洲前人（Praeanthropus africanus） 非洲猿人（Africanthropus njarasensis）
	1947 年	南非（阿扎尼亚）	马卡潘斯盖（Makapansgat）	头骨片	早更新世	普罗米修斯南方古猿（Australopithecus prometheus）
	1965 年	肯尼亚	卡纳波伊（Kanapoi）	肱骨下段	400 万年	南方古猿
	1967 年	肯尼亚	洛塔甘（Lothagam）	下颌骨	550 万年	南方古猿
	1970 年	坦桑尼亚	库彼福勒（Koobi Fora）	头盖后部	160 万～182 万年	

名称	发现时间	国别	发现地点	主要标本	地质年代或距今年代	曾用学名
粗壮南方古猿	1938 年	南菲（阿扎尼亚）	克罗姆德莱（Kromdraai）	头骨、肢骨	中更新世	粗壮傍人（Paranthropus robustus）
	1948 年	南菲（阿扎尼亚）	斯瓦特克兰斯（Swartkrans）	头骨、髋骨	中更新世	巨齿傍人（Paranthropus crassidens）
	1971 年	肯尼亚	切索旺雅（Chesowanja）	顶骨	110 万～120 万年	
鲍氏南方古猿	1950 年	坦桑尼亚	奥杜威（Olduvai）	头骨	175 万年	鲍氏东非人（Zinjanthropus boisei）
	1964 年	坦桑尼亚	佩宁伊（Peninj）	下颌骨	中更新世	鲍氏东非人（Zinjanthropus boisei）
	1970 年	坦桑尼亚	库彼福勒（Koobi Fora）	头盖骨、上下颌	160 万～182 万年	鲍氏东非人（Zinjanthropus boisei）
早期南方古猿	1970 年	肯尼亚	戈罗拉（Ngomra）	第二上臼齿	上新世，900 万年	南方古猿
归属未定	1941 年	印度尼西亚	三吉岭（Sangiran）		中更新世	古爪哇魁人（Meganthropus palaeojavanicus）疑似猿人（Pithecanthropus dubius）
	1957 年	中国	华南（地点不明）	一颗臼齿		裴氏半人（Hemanthropus peii）
	1960 年	巴勒斯坦	尤拜迪亚（Ubeidija）	部分颅骨		约旦人（Jordanthropus）？猿人？
	1962 年	乍得	科罗托罗（Koro Toro）	部分头骨	早—中更新世	乍得古猿（Tchadanpithecus uxoris）副南方古猿（Paraustralopithecus）
	1976 年	埃塞俄比亚	奥莫（Omo）	下颌骨、牙齿	早更新世	副南方古猿（Paraustralopithecus）
	1970 年	中国	湖北建始	臼齿		南方古猿

早期猿人化石

名称	发现时间	国别	发现地点	主要标本	地质年代或距今年代	曾用学名
能人	1960 年	坦桑尼亚	奥杜威（Olduvai）	头顶骨	早更新世	Homo habilis
伊利雷特	1971 年	坦桑尼亚	伊利雷特（Ileret）		早更新世或晚上新世 200 万年以上	Homo
1470 号颅骨	1972 年	肯尼亚	图尔卡纳湖东岸（East Rudolf）	头骨、肢骨	200 万 ~ 280 万年	Homo
巴林戈		肯尼亚	巴林戈（Baringo）	右颞骨片	300 万 ~ 350 万年	
阿法	1974 年	埃塞俄比亚	阿法（Afar）	颌骨、体骨	350 万年	南方古猿阿法种 Homo

晚期猿人化石

名称	发现时间	国别	发现地点	主要标本	地质年代或距今年代	曾用学名
直立人	1891 年	印度尼西亚	爪哇（Java）	头盖骨、股骨	中更新世 50 万 ~ 80 万年	直立猿人，爪哇猿人（Pithecanthropus erectus）
海德堡人	1907 年	德国	海德堡（Heidelberg）	下颌骨	40 万 ~ 50 万年	海德堡人（Homo heidelbergensis）
北京猿人	1929 年	中国	北京周口店	头盖骨、下颌骨、肢骨、牙齿等	50 万年	中国猿人北京种（Sinanthropus pekinensis）
莫佐克托猿人	1936 年	印度尼西亚	爪哇莫佐克托（Modjokerto）	小儿头盖骨	早更新世末 180 万年	莫佐克托猿人（Pithecanthropus modjokertensis）
粗壮猿人	1938 年	印度尼西亚	爪哇三吉岭（Sangiran）	头骨后部、下颌骨	早更新世末	粗壮猿人（Pithecanthropus robustus）

名称	发现时间	国别	发现地点	主要标本	地质年代或距今年代	曾用学名
开普猿人	1949 年	南非（阿扎尼亚）	斯瓦特克兰斯（Swartkrans）	下颌骨	中更新世	开普远人（Telanthropus capensis）
药铺猿人	1952 年	中国	华南（地点不明）	臼齿	中更新世	中国猿人药铺种（Sinanthropus officinalis）
阿特拉猿人	1954 年	阿尔及利亚 摩洛哥	土尼芬（Termifine）阿布德拉多	下颌骨、顶骨	第二间冰期初 45 万年	毛里坦阿特拉猿人（Atlanthropus mgturitanicus）
利基猿人	1960 年	坦桑尼亚	奥杜威（Olduvai）	头盖骨、股骨、髋骨	50 万年	利基猿人（homo leakeyi）舍利人（Chellmn man）
奥杜威 13 号头骨	1963 年	坦桑尼亚	奥杜威（Olduvai）	奥杜威 13 号头骨（Olduvai Hominid 13）		
蓝田猿人	1964 年	中国	陕西蓝田	头盖骨、下颌骨	78 万 ~ 85 万年	中国猿人蓝田种（Sinanthropus lantienensis）
元谋猿人	1965 年	中国	云南元谋	两颗上中门齿	60 万年左右	
沈劝人	1965 年	越南	沈劝（Tham Khuyen）	牙齿	第二间冰期	
维尔德兹佐洛猿人	1965 年	匈牙利	维尔德兹佐洛（Vértesszdlos）	枕骨、牙齿	40 万年	古匈牙利人（Homo paleohungaricus）
捷克猿人	1969 年	捷克斯洛伐克	布拉格（Praha）以北	臼齿	40 万年	
郧县猿人	1975 年	中国	湖北郧县梅铺	门齿、前臼齿、臼齿	中更新世	
郧西猿人	1976 年	中国	湖北郧县白龙洞	牙齿	中更新世	
和县猿人	1980 年	中国	安徽和县龙潭洞	头盖骨、牙齿、下颌骨	中更新世	
南京人	1993 年	中国	南京汤山	头盖骨	中更新世，42 万年	
金牛山人	1994 年	中国	辽宁营口	骨架	中更新世末	

早期智人化石

名称	发现时间	化石产地时间		主要标本	地质年代或距今年代
		国别和地区	发现地点		
直布罗陀人	1848年	直布罗陀（英）	直布罗陀（Gibraltar）	头骨	4万~7万年
尼安德特人	1856年	德国	尼安德特（Neanderthal）	头骨、肢骨	玉木早期
斯庇人	1886年	比利时	斯庇（Spy）	两具成年男性骨架	
克拉皮纳人	1895—1906年	南斯拉夫	克拉皮纳（Krapina）	14个个体（9个成人，5个幼童，200多颗牙齿）	
莫斯特人	1908年	法国	莫斯特（Le Moustier）		
圣沙拜尔人	1908年	法国	圣沙拜尔（La Chapelle-aux-Saints）	老年男性骨架	3.5万~4.5万年
基纳入	1908—1921年	法国	基纳（La Qulna）		玉木早期
费拉西人	1900年	法国	费拉西（La Ferrassie）	7个个体，包括成人、小孩新生儿和胎儿	3.5万年以上
埃林斯多甫人	1914—1925年	德国	埃林斯多甫（Ehringsdorf）	20多岁女人头骨，下颌骨，幼童下颌骨、头后骨骼	6万~12万年
断山人（罗得西亚人）	1921年	赞比亚	断山（Broken Hill）	成年男性头骨	3万~10万年
奥哈巴—波诺尔	1923年	罗马尼亚	奥哈巴—波诺尔（Ohab Ponor）	右足第二趾骨	玉木早期
基克—柯巴人	1924年	苏联	基克—柯巴（Kik-Koba）	成年肢骨，小儿体骨、肢骨	玉木冰期，4万~7万年
朱蒂耶人或加里里人	1925年	巴勒斯坦	朱蒂耶（Zuttiyeh）加里里（Galilee）	不完整男性头骨（额）骨、颧骨、鼻骨、蝶骨）	7万年
加诺西人	1926年	捷克斯洛伐克	加诺西（Ganovce）	颅腔骨膜	7万年
卡麦尔人 塔邦人 斯虎尔人	1929—1934年 1931—1932年	巴勒斯坦	卡麦尔山（Miunt Carreel）塔邦（Tabun）斯虎尔（Skhul）	成年女性完整骨架，成年男性下颌5男，2女，3幼童	4万~7万年 7万年

萨科帕斯托人	1929—1935 年	意大利	萨科帕斯托（Saccopastore）	成年男女头骨	6 万年
昂栋人（梭罗人）	1931—1941 年	印度尼西亚	昂栋（Ngandong〔Solo〕）	头盖骨 12 个	晚更新世
斯坦海姆人	1933 年	德国	斯坦海姆（Steinheim）	女性头盖骨	20 万～25 万年
卡夫泽人	1934—1967 年	巴勒斯坦	卡夫泽（Qafxeh）	10 个个体	7 万年
斯旺斯科姆人	1935 年	英国	斯旺斯科姆（Swanscombe）	头骨	25 万年
捷什克—塔什尼人	1938 年	苏联	捷什克—塔什尼（Tesek-Tash）	幼童头骨	玉木冰期 4 万～7 万年
坎萨诺人	1938 年	法国	坎萨诺（Quinzano）	头骨	7 万～15 万年
孟色西人	1939—1950 年	意大利	孟色西（Monte Circeo）	头骨（成年男性）、下颌骨	玉木早期
丰德谢瓦人	1947 年	法国	丰德谢瓦（Fontechevade）	头骨碎片	7 万～15 万年
蒙特莫兰人	1949 年	法国	蒙特莫兰（Montmaurin）	下颌骨	7 万～15 万年
阿西苏居人	1949—1951 年	法国	阿西苏居（Arcy-Sur-Cure）	下颌骨	14 万年
斯塔罗谢雅人	1952 年	苏联	斯塔罗谢雅（Staloscljc）	2 岁幼儿	
豪亚弗塔人	1952—1955 年	利比亚	豪亚弗塔（Haua Fteeh）	下颌骨	4 万年
苏尔达纳人	1953 年	南非（阿扎尼亚）	苏尔达纳（Saldanha）	头盖骨、下颌骨	4 万年
沙尼达尔人	1953—1960 年	伊拉克	沙尼达尔（Shanidar）	7 个个体	4.7 万～5 万年
丁村人	1954—1976 年	中国	山西襄汾	头骨碎片、牙齿	10 万年
长阳人	1956—1957 年	中国	湖北长阳	上颌骨	4 万～6 万年
牛川人	1957 年	日本	爱知县牛川	肱骨	里斯—玉木间冰期
马坝人	1958 年	中国	广东韶关	头骨	10 万年
佩特拉郎那人	1960 年	希腊	佩特拉郎那（Petralona）	头骨	玉木冰期

耶贝尔依罗人	1961年	摩洛哥	耶贝尔依罗（JabelIroud）	头骨及面骨	
阿木德人	1961—1964年	巴勒斯坦	阿木德（Amud）	4个个体，一成年男性完整骨架	4万~7万年
沈海人	1964年	越南	沈海（Tham Hai）	牙齿	2万年
奥莫人	1967年	埃塞俄比亚	奥莫（Omo）	2个个体	5万~10万年
陶塔维人	1971年	法国	陶塔维（Tautavel）	面骨、额骨、下颌骨	20万年
桐梓人	1972年	中国	贵州桐梓	牙齿	10万年
新洞人	1973年	中国	北京周口店第4地点	牙齿	10万年
许家窑人	1976年	中国	山西阳高	牙齿、头骨碎片	10万年
大荔人	1978年	中国	陕西大荔	头骨	
巢县人	1982年	中国	安徽巢县	枕骨等	

晚期智人化石

名称	发现	化石产地时间		主要标本	地质年代或距今年代
		国别和地区	发现地点		
克罗马农人	1868年	法国	克罗马农（Cro-Magnon）	5个个体	2万~3万年
格里马迪人	1872—1901年	摩洛哥	格里马迪（Grimaldi）	7个个体	4万年
商塞拉德人	1888年	法国	商塞拉德（Chancelade）	成年男人	1.2万~1.7万年
瓦加克人	1890年	印度尼西亚	瓦加克（Wadjack）	2个头骨及下颌骨、牙齿	4万年
布尔诺人	1891年	捷克斯洛伐克	布尔诺（Bmo）	头骨、下颌骨碎片、头后骨骼	玉木晚期
普列摩斯提人	1894—1957年	捷克斯洛伐克	普列摩斯提（Predmosti）	27个个体	3.48万年
孔姆卡佩人	1909年	法国	孔姆卡佩（Combc-Capell）	成年男人头骨	3.4万年
博斯科普人	1913年	南非（阿扎尼亚）	博斯科普（Boskop）	头骨	晚更新世
奥伯卡斯尔人	1914年	德国	奥伯卡斯尔（Oberkassel）	2个个体	1.2万~1.7万年
河套人	1922—1956年	中国	内蒙古伊克昭盟乌审旗	头骨、肢骨碎片、牙齿	更新世末

阿塞拉人	1927 年	马里	阿塞拉（Asselar）	成年男性骨骼	更新世末
阿尔法芦人	1928—1929 年	阿尔及利亚	阿尔法卢（Alfalou）	48 个个体，包括男、女和小孩	晚更新世
明尼苏达人	1931 年	美国	明尼苏达（Minnesota）	头骨	1.1 万年
明石人	1931 年	日本		腰椎骨	晚更新世
弗洛里斯巴人	1932 年	南非（阿扎尼亚）	弗洛里斯巴（Florisbad）	头骨	3.5 万年
山顶洞人	1934 年	中国	北京周口店山顶洞	7 个个体	1 万 ~ 2 万年
札赉诺尔人	1933—1943 年	中国	内蒙古满洲里札赉诺尔	2 个头骨、上下颌骨	1 万年
凯洛人	1940 年	澳大利亚	凯洛（Keilor）	头骨等	1.3 万年
通庄人	1942 年	越南	通庄（Lang Thung）	牙齿	晚更新世
希昂克洛维纳人	1942 年	罗马尼亚	希昂克洛维纳（Cioclovina）	头骨	玉木冰期
特佩克斯潘人	1949 年	墨西哥	特佩克斯潘（Tepcxpan）	头骨	1.1 万年
葛生人	1950 年	日本	栃木县葛生	下颌骨、肢骨	晚更新世
资阳人	1951 年	中国	四川资阳	头骨	晚更新世
榆树人	1951 年	中国	吉林榆树	头骨片、肢骨片	晚更新世
下草湾人	1954 年	中国	江苏泗洪下草湾	胫骨中段	晚更新世
伦达人	1956 年	德国	伦达（Rhunda）	头骨右侧骨片	晚更新世
建平人	1957 年	中国	辽宁建平	肱骨	晚更新世
柳江人	1958 年	中国	广西柳江	头骨、椎骨、骶骨	晚更新世
尼阿人	1959 年	马来西亚	尼阿（Niah）	头骨	3.9 万年
丽江人	1960—1964 年	中国	云南丽江	头骨、股骨	晚更新世
荔浦人	1961 年	中国	广西荔浦	牙齿	晚更新世
演北人	1961—1962 年	日本	静冈县滨北	头骨片、肢骨片	晚更新世
峙峪人	1963 年	中国	山西朔县	枕骨	2.8 万年
新泰人	1966 年	中国	山东新泰	牙齿	玉木冰期
马尔莫人	1967 年	美国	马尔莫（Marmes）	头骨	1.1 万 ~ 1.3 万年

芒戈湖人	1968 年	澳大利亚	芒戈湖（Lake Mungo）	头骨	2.5 万 ~ 3.2 万年
科阿沼泽人	1968 年	澳大利亚	科网沼泽（Kow Swamp）	40 个个体	1 万年
阿拉哈巴德人	1971 年	印度	阿拉哈巴德（Allahabad）		1 万年
左镇人	1972 年	中国	台湾台南左镇	头骨	2 万 ~ 3 万年
两畴人	1973 年	中国	云南西畴		

悠长的岁月

我 的 童 年

1908 年 11 月 25 日，我出生在河北玉田县城北约 7 千米的小村庄——邢家坞。这个不足 200 户的村子北临山丘，南望一片平原，土地贫瘠，村民的生活比较贫困。

据坟地碑文记载：我们贾家原籍河南省孟县朱家庄，在明代初期才迁移到邢家坞。

听老一辈人说，我的曾祖有兄弟二人，大曾祖父没有儿子，按我们家乡当时的规矩，需要把我二曾祖父的长子，即我的大祖父过继给大曾祖父。我的二祖父也没儿子，又从我三祖父一门中把我的父亲过继给二祖父。由于生活困难，在我很小的时候，我的父亲就只身到北京谋生。

我们村里有个叫宋竹君的，据说他是燕京大学的前身——汇文大学（后改为汇文中学）毕业，在北京英美烟草公司任高级职员。

经他介绍，我父亲也进了英美烟草公司。父亲本名贾连弟，号荣斋。他的工作部门叫"调换处"，实际上是做一种广告性质的工作。人们只要能集到一定数量英美烟草公司出品的香烟空纸盒或烟盒内的画片，就可以到调换处换取挂历、成套茶具及小玩意儿等物品。

由于工作日渐有起色，人来人往日渐增多，人们都习惯称父亲为荣斋，而他的本名反而没人叫了。当时父亲每月薪水 18 元，他自己省吃俭用，每月只花 8 元，其余 10 元就托人捎回老家，家中的日子自然好多了。我家村后的东山上有两个山洞，一大一小，我常常跟着其他小孩到小洞里探洞玩。大洞深不可测，我们从不敢进去。有时我们用石头打成圆球，从山上往下滚着玩。想不到这在以后的工作中，对发现石球的打制过程和用途也有着很大的帮助。

在村北的小山下，还有一条南北向细长的水坑，这也是我们孩子常常光顾的地方。我们就在坑里洗澡、打水仗。我还常常到地里逮蝈蝈、捉蜻蜓和小鸟。鸟类中，我们最喜爱"红靛颏"或"蓝靛颏"，凡是我们网着的鸟，除了这两种，其余统统放生。当然我们小孩之间，也常常为逮鸟打架。母亲只是拉开了就完事，最多打几下屁股。她不许骂人，骂人准挨一顿掸把子。

我外祖母家在门庄子，位于邢家坞村和玉田县城之间，地处平原，风光秀丽，也是个 200 多户的村子。外祖母住在村前街的西头路北，家中有五间北房。东侧有条路通往后街，小路东边有个数十米长、直通南北街的大水坑，水坑东西有三四十米。前街路南有一块菜园，冬季多种大白菜，夏天除种各种蔬菜外，还种甜瓜、西瓜等。外祖母家我也非常爱去，除了有水坑可以游泳外，更因为那块

很大的菜园子，有很多好吃的瓜果和蔬菜，比邢家坞的菜多了很多。何况还有一个比我大13岁的表兄，他常带我去水坑里摸鱼和捉螃蟹，又好玩又能解馋。

大约到了7岁，我在外祖母家开始上学了。当地没有学校，读的是私塾。所谓私塾，就是在老师家上课。老师教几个学生，屋里没有课桌，只有个方桌，炕上放个炕桌而已。教的是《三字经》《百家姓》《千字文》。我还记得，老师叫谷显荣。每天进老师家中第一件事，就是向孔子牌位行作揖礼，然后各就各位，背书或描红模子。学完了三本小书，又学了半本《论语》，谷老师因病去世了。我又到邻村跟一位叫"李小辫子"的老师学。当时已是民国，但他还是清朝打扮，留着辫子，所以当地人都叫他"李小辫子"，而不知他的大名。他对学生管得很严，背书背不下来或背错了，都要挨掸把子。他给我们讲的课文，我们听了虽然有时似懂非懂，但因怕挨打，背得都很熟。所以到现在什么"一去二三里，烟村四五家，亭台六七座，八九十枝花""松下问童子，言师采药去，只在此山中，云深不知处"，还仍然记得清清楚楚。

大约到了8岁，"四书"读完，又读了点《诗经》，我的外祖母也去世了。此时邢家坞也有了私塾，我又返回自己的家继续读书。

应该说，我识字的启蒙老师是我的母亲。我的母亲戴明虽未上过学，但聪明而知晓大义。村里有个叫王雍的老头儿，识字最多，他看的小说也多。每到夏天，大家在一起乘凉，都会叫王雍讲故事。母亲常把听来的故事再讲给我听，都是一些"岳母刺字""精忠报国"之类的，母亲一边讲一边教导我要学好人，不要做坏事。后来母亲对小说也着了迷，就借来看，不认识的字和不懂的地方就请教王雍，天长日久，也认识了很多字，就是不会写。到后来，她连不带标点的木版印刷的小说也能看得懂。

父亲在北京做事，家里有了活钱，生活自然好多了。母亲要求我穿戴不能与其他孩子有区别，我只比别的孩子多件内褂和内裤，外表仍是粗布衣裤。别人家的孩子在玩的时候都背着扒篓，边玩边拾柴，母亲也叫我背一个，不要求拾多少柴，就是不能比别人家的小孩有特殊感。这对我作用很大，以致后来，我对待他人，不管职位高低都能一视同仁，这不能不说是母亲当年教育的结果。

虽然父亲每月捎钱来，但家里平时仍是早饭玉米渣粥加咸菜，午饭和晚饭是玉米面贴饼子加上一锅菜，有时是小米饭。当然过节和有客人来就不一样了。有时为了给祖父下酒，母亲炒个菜，祖父总想叫我一起吃，母亲反对说："小孩子家，吃喝时间长着呢！不在这一口两口。"过年时，客人给的压岁钱，都得如数上交，母亲又说："孩子花惯了钱对他一点好处也没有。"但过年的新衣、新鞋母亲总是早早就做好了，当然还有灯笼、鞭炮之类的玩意儿。所以过年是小孩子最盼望的了。我的童年是在农村度过的。虽然家境不是很宽裕，但童年的生活非常愉快，无忧无虑。至今我还常常回忆起来那时的情景。

断 断 续 续 的 学 校 生 活

我13岁那年，正赶上直奉战争，奉军溃败，逃兵很多。他们仨一群俩一伙，到处抢劫，用他们的话说："打是米，骂是面，不打不骂小米干饭。"

在这兵荒马乱的年代，我父亲对家里很不放心，他抽时间回到家里探亲。一路上看到的和听到的都使他胆战心惊。

他决定不在乡间久留，便雇了两辆骡子拉的轿车（即车上装个布围子），带着我的祖母、母亲、姑母、我及妹妹一起，到北京暂时躲避。轿车每辆可乘4人，乘1人或乘4人都需花4块银圆。平常从老家到北京需两天的时间，这次走了三天，因为怕碰上逃兵，我们有时只好绕着道走。途中的栈房都被兵占据，我们也只好借宿到百姓家里。当时的百姓家对往来客人借宿都很热情，供吃供住，但不当面收钱，客人要给钱也得给小孩，借给小孩买吃的为名，还了这份人情。否则人家说"我家不开店",叫你下不了台。

进了朝阳门,到了崇文门外翟家口恒豫隆丝线店,已是掌灯时分。当时北京大多数人家还没装电灯,用的都是煤油灯。

我们的落脚处是父亲在我们来京之前预先托朋友找好的。这原是一家闲置的店铺,托恒豫隆代为照料。我们只占用了五间朝东的正房,其他房间还闲在那里。当时的人很迷信,住房子要看了风水才能决定,特别是作为买卖用的铺面房。我们临时租住的这家房子,因有人说里面不干净,闹过鬼,房子很难租出去。租不出去,还要花钱雇人看管,房东当然愿意有人租这房子住,这样证明里面没有鬼。我父母是不信神不信鬼的人,即使旧历年节也没烧过香或祭过灶王爷。这事对双方当然都是再合适不过了。这时,我父亲辞去了英美烟草公司的工作,在前门外打磨厂集资开了一家商店——义兴合纸烟店。店子的主要股东是义兴合钱庄,经理是个叫史冠德的山西人。纸烟店就在钱庄的东隔壁。

虽说父亲辞去了英美烟草公司的工作,与别人合伙开了纸烟店,但并没完全脱离英美烟草公司,专负责批发英美烟草公司出产的纸烟。当时这类烟店,京城共有4家,分布在北京4个区,每区一家专卖店,出售不许越界。当然父亲的薪金比过去多了,年终还能分到红利。

在京待了半年之久,地方上已经平静,老家中的叔叔来京接我祖母等人回家。我母亲陪着祖母、姑母及妹妹一行人又返回了邢家坞。

妹妹贾英伯在家时也读了很多书,且非常聪明,《诗经》背得很熟。她本想留下来和我一起在北京读书,但因家人一走,我父亲把原租住的房子退掉，在纸烟店我们爷俩合着住，妹妹留下来挤在一起不方便，所以她就和母亲一起返回了老家。

母亲走后，我和父亲住在纸烟店里，并和店里的伙计一起吃饭。父亲把我送到打磨厂小学读高小。国文对我来说没有问题，但数学就困难了。在老家从未接触过阿拉伯数字，学起来非常吃力。有时还涉及地理以及物理、化学等知识，弄得我一点信心也没有，越学越没兴趣，最后还是离开了学校，在家请了一位先生为我补习。

父亲每天外出，我一人在店里，除了补习功课外也没其他事情可做，自己也不敢出去玩，很是寂寞。就这样度过了一年多。这一年正赶上崇文门内以东的汇文高等小学校招生，父亲领我去投考，虽然除国文外其他各门较差，但经过一年多的补习，居然被录取了。我心里明白，这只是凭着运气，而不是凭着学到的知识。果不其然，第二年就留了级。对我来说，留级不是什么坏事，从头再开始学起来就省力多了。课能听得懂，成绩跟得上，学起来就感到有味道，就这样一直在汇文学校到1929年高中毕业。

为了上学方便，父亲带着我从义兴合商号搬到了东城江擦胡同宋竹君家居住，父亲每月付给他一些费用。宋竹君是英美烟草公司的高级职员，也是介绍我父亲进英美烟草公司工作的人。后来他染上了吸食鸦片的恶习，弄得家境败落，我也不得不离开他家，搬到汇文学校住宿。听说宋竹君抽不起大烟，改抽白面儿，最后是家败人亡。

由于时间久远，汇文的住宿费记不清了，但我还记得伙食费分两种：一种伙食费较高，当然吃得也好，大约每月6块银圆；另一种次一点，粗粮较多，平时菜里很少有肉，只到星期天改善一下伙食。我记得伙食费是父亲领我去交的。收费人说："差不了几个钱，还是叫孩子吃好的吧。"我父亲说："还是次一等的吧，不在乎几个钱。小孩儿不能惯，不能叫他与别人家攀比。"我心里虽不愿意，也只好听从。当然这为我以后不挑吃喝，对在野外吃好吃坏不以为意打下了基础，这也不能不说是父母苦心教育的结果。

难忘的升级考试

1933年年初的一天，我在西四兵马司的办公室整理标本。忽然杨钟健把我叫去，给了我一个大纸盒，里面装的都是哺乳动物的牙齿，他要我鉴定后，再写好标签给他。

我抱着纸盒回到自己的办公桌前。我认为这个工作很容易，因为这些牙齿中有许多是来自周口店第1地点(即"北京人"化石产地)。其他地点的牙齿鉴定虽然有些困难，但也能鉴定出个大概。

两天后，我把鉴定好的牙齿交给了杨先生。他一看就火了："这叫什么东西！我要的不是中文标签，是拉丁文的。重新来，写好了再给我！"好嘛！给我来个大窝脖儿。我做了个鬼脸，赶忙抱着纸盒跑回了自己的办公室。

经过两年的挖掘锻炼，我又从书本上学到了不少。此外我经常帮助杨、裴两位先生打英文稿件，稿件中一些拉丁文名称，我不但

做了记录，也背熟了很多。"北京人"产地发现的材料，我都一一摸过，对它们的颜色、分量也大致了解，只是材料编号很乱，有些编号还需再搞清楚。这回我更加细心，花了3天时间，重新鉴定牙齿，并一一打出拉丁文名称和编号。当我再次把大纸盒交到杨先生手里时，他仔细检查，然后高兴地笑了。

又过了一天，卞美年告诉我："杨先生是在考你。告诉你吧，你要升级了。因为我听到头头儿们对你的学习和工作倍加赞赏。"果不其然，不久我就从练习生升为练习员（相当于大学毕业生）。

当消息传开，一些地质调查所的大学毕业生对我说："你赚大发了，高中毕业才两年，就跟我们一样了。"我心里很明白，知识是自己努力学习得来的，靠占小便宜学不到。要想学有所为，自己还得刻苦努力。这次占点小便宜也是不懂就问的结果。

5月13日早晨，我随杨钟健、德日进、裴文中一起到达周口店。当天下午就讨论本年度的发掘计划，最后决定放弃东山坡，集中发掘山顶洞。如果山顶洞收获不大，还有时间改挖其他地点。这次的目的是寻找人类在发展过程中的缺环。

自1929年12月2日裴文中发现了第一个"北京人"头盖骨之后，为了了解"北京人"化石堆积和分布的情况，1930年文中已经清理了龙骨山北坡的地面。他把杂草和乱石都清理得差不多了。在龙骨山北坡，含北京人化石堆积，东西方向的巨大洞穴靠近南洞壁的上部，发现了这个山洞，我们给它起名叫山顶洞。它以前被杂草和乱石掩盖，没被发现。洞里的堆积呈灰色，地层较松软。杨、裴两位先生估计，如果山顶洞里发现人类化石，其时代应比"北京人"晚也只是代表人类在发展过程中的一个缺环。计划定下来后，还有一些细节需向上级请示。15 日杨、德、裴返回北平，留下的人利用这段时间，清理"北京人"化石产地两端，即山神庙以东一带的地表。19 日裴回到周口店，我们商量了发掘步骤，第三天正式发掘开始了。

最初山顶洞外露的空隙不大，洞口朝北偏东方向，很窄。洞内南北向，像条甬道，北边约 3 米宽，南边最宽有 8 米，形状像一个火腿。原来东半部的洞顶已经风化破碎，被拆除了。发掘仍采用分格的方法，每格定为半米，每个水平层也是半米。我们绘制了 1/50 的平面图和剖面图，以备往图上填发现的记录。就在这一年，又规定了每日在固定时间内，在发掘地点的东、西、南三面各照相片一张，作为原始记录。

由于裴、卞需经常回北平写论文，绘制平面图、剖面图和照相的任务都交给了我，所以我还必须学会照相。他们也常来常往，我有了重要发现就报告给他们。我这个刚刚升为练习员的"先生"，除了跑地点、查看发掘情况、做记录、照相、填日报（每天发现的东西都要填写日报）外，还要采购发掘物品，给工人做工资表，发工资等。这些差事统统压在我肩上，每天我忙得脚丫子朝天。就是这样，我还给自己加任务，每天读几页奥斯朋的《旧石器时代人类》。

刻 在 心 间 的 名 字

人有生就有死，生命有长也有短。有人死后让人感到悲痛和怀念，也有人死后受到唾弃和谩骂。为什么？用一把尺子衡量，那就是在他活着的时候，是与人为善还是与人为恶；在工作上是勤勤恳恳有所成就还是碌碌无为虚度年华。步达生的死就使许多人感到悲痛。

步达生，1884 年 7 月 25 日生于加拿大多伦多。1934 年 3 月 15 日逝于北平他的办公室内。他 1919 年来华，先后任北京协和医学院解剖科主任、神经学和胚胎学教授。1926 年周口店发现了人类牙齿之后，他力排众议，不但承认人是从猿进化而来的，还给"中国猿人"定了拉丁语的学名——Sinanthropus pekinensis(原意是北京中国人)。到 1935 年德国犹太人魏敦瑞来华接替了步达生的工作后，其学名才改为 Homo erectus pekinensis(北京直立人)。

步达生的年纪比我大 24 岁，按中国人的习惯他应属于父辈。他身材瘦小又有点驼背，但总是笑容可掬，待人非常随和，大家都喜欢和他接触。他总是教导青年人要好好干。

在中国地质调查所新生代研究室成立的过程中，步达生做了大量的工作。他先与美国洛克菲勒财团联系资助，后又与地质调查所协商成立新生代研究室的各项事宜。新生代研究室成立后，他任名誉主任。

步达生本身是个医生，患有先天性心脏病，他深知应该多休息，别人也经常这样劝他。可他把研究工作看得很重，很少有休息的时候。为了早日完成工作，他常常熬夜甚至通宵工作。工作起来他把自己的病抛到脑后。他去世之前的那天下午，杨钟健在下班前还到过他的办公室，与他谈论工作。杨先生走后，也曾有人找过他，敲他的门，没人答应。最后到处找不到他，有人把他办公室的门撞开才发现他趴在办公桌上，手里捧着人头骨已经过世了。

对步达生的死，大家极为悲痛，我也深受震动。他那样勤勤恳恳地工作，我比他年岁又小那么多，在工作上和学习上岂能偷懒。从此我下定决心，一定要把知识学到手，努力工作，做出成绩来。

我永远不能忘记的另外两位前辈是裴文中和杨钟健。他们对我的培养和帮助是我工作上、学习上不断取得进步的重要因素。

裴文中先生 1904 年 3 月 6 日生于河北省丰南县，1927 年毕业于北京大学地质系，毕业后即进入地质调查所工作。1927 年起参加了由李捷和步林共同开展的周口店大规模发掘工作。1928 年李捷到南京"中央研究院"任研究员，1929 年步林参加"中瑞西北科学调查团"工作，周口店的发掘由杨钟健和裴文中两位担任。1929年杨钟健与德日进前往山西和陕西北部考查地质，周口店的工作由裴文中一人负责。裴文中为周口店的发掘付出了心血，立下了汗马功劳。在周口店期间，他从早到晚不停地工作，既无星期天也无休息日。他和工人一样，日出而作，日落而息，就像过着原始生活。

他对工作，特别在管理方面抓得很严。不管有几个发掘地点，他都是东奔西走到处查看，唯恐失漏和挖坏了标本。他严格地执行着填写"日报"和"月报"制度，还经常改革一些运送渣土的方法，以减轻工人的劳动强度。他没什么嗜好，很少进戏园子和电影院。当时收音机很盛行，但周口店工作站没有。他平时好说笑，话语中经常带点苛刻和调侃，逗人发笑。我参加了周口店的发掘工作之后，登记标本、填写日报、月报等杂七杂八的工作就交给了我，以前这些事都是由他一人承担的。

1929年12月2日下午4时，他发现并亲手挖掘出了"北京人"头盖骨。他就像发现了宝贝一样。那时已经日落，洞里更黑，他点着蜡烛，还是把它取出来，脱了上衣，裹着它，小心地抱着，慢慢走回了办公室。从此他也成了国内外的知名人士。

在以后的工作中，他仍然一丝不苟，从不拿"大"。他是学地质的，对古人类学和古生物学也是边干边学。从1932年起，他对周口店的食肉类化石发生了兴趣，经常一边翻阅文献一边拿着现在的兽类骨骼做对比，有时到深夜还在研究。功夫不负有心人，不到两年，他就完成了《周口店猿人产地之食肉类化石》的巨著。

在工作中他有"三勤"，即口勤、手勤、腿勤。每当野外调查，他知道了化石的出处后，不管路多难走也要亲自跑去查看，遇见化石必亲自动手挖掘。他从不把别人发现的材料作为自己的研究资料。我在《令人怀念的裴文中先生》一文中写道："他最大的优点是对人和蔼，从不拿'大'，吃苦耐劳，乐于助人。"我在与他一起工作的期间里，从他的言传身教中，学到了很多宝贵的东西。

杨钟健先生也是如此。他 1897 年 6 月 1 日出生于陕西华县，大我 11 岁。他为人厚道，善于育人，一生培养了很多人才。他尊老爱幼的精神为人称道。

1919 年他考入北京大学地质系。孙云铸先生 (1895—1979) 比他先一年毕业，后留校任助教。他们的年岁差不多 (孙只大两岁)，但杨钟健一直称孙云铸为老师，而孙云铸着布衣、布鞋，头顶旧草帽来我们研究所时，也一直称杨钟健为先生。杨钟健是个急脾气，工作不顺心时就发火，而后他感到自己做得不对，又会亲自向你赔礼道歉，从不计较。

有一次他看到了我请别人为我刻的一枚藏书章，因为上面只刻了"贾兰坡藏"四个字，没有"书"字，他就问我这章是藏什么用的。我心想，这不是明知故问吗？除了藏书还能干什么！我没好气地说："藏什么都可以。""盖在馒头上呢？""盖在馒头上藏馒头，盖在窝头上藏窝头。"没想到，他居然呵呵笑个不止。仔细一想，他问得有道理。之后，我又请人重刻一枚"贾兰坡藏书"的章，但这枚章我未用过。他对标本的陈列很重视。抗日战争爆发后，中国地质调查所南迁，地质调查所陈列馆的许多标本也运往南京。当时杨钟健任北平分所所长，他嘱咐我重建陈列馆。我把山顶洞发掘出来的完整的动物化石，组装成骨架，按当时的生活环境和方式，在丰盛胡同3号南大厅开辟了一块山顶洞时期动物生活的小园地。杨钟健非常感兴趣，常常来指导工作，这些材料现在保存在中国地质矿产部地质博物馆内。

中华人民共和国成立后，杨钟健除了担任中国科学院编译局局长外，还任中国科学院直属的古脊椎动物研究室主任。

我除担任研究工作外，还兼研究室秘书并负责周口店和研究室的标本管理工作。

有一天，某大学来函索要周口店"北京人"产地发现的动物烧骨，我就到丰盛胡同3号后楼的标本柜里寻找。突然，我发现了一块外表像人类胫骨的化石，长度比中指长。之后，又找到了一块被烧过的人的肱骨。我马上给杨钟健通了电话。他听说后要我马上带着标本去见他。

杨钟健仔细地看了标本，第二天又来到了兵马司再仔细查看。他问我："你是怎么区分出它是人的呢？""再小也能区分得出来。骨头只要带着外皮，有蚕豆大小就能分辨。"他兴致勃勃地说："那我得考考你的眼力。"说着叫人把几块人的肢骨和动物的肢骨背着我用纸盖住，纸上只撕了一个手指盖大的孔，让骨面露出来，然后叫我辨认。我看了一会儿，就把是人的指了出来，一点没错。杨先生高兴地说："真有你的。"过后杨先生一再叮嘱我，要我把辨别的方法写出来发表。在他的鼓励下我写了一篇《如何由碎骨片中辨认出人骨》的短文，发表在《科学通报》1953年2月号上。

能够辨认人骨和动物的骨头是我平时注意观察的结果，我摸索出来了一些经验。人的骨头表面有许多棕眼式的小孔，暂且叫它为纤孔，以肱骨表面最为明显。

纤孔是顺着骨头长向而生的，带有尾式沟，在放大镜下观察像蝌蚪，呈大头长尾状。纤孔排列不规则，有的上下倒置。纤孔多是向侧方倾斜穿入骨里。纤孔较大是人骨特有的性质，而一般兽骨表面的纤孔较细小、平滑。虽然有时骨骼放得久了，因受气候的影响，受酸性物质的侵蚀，骨的表面会发生细微的裂纹，但兽骨只是有沟而孔很少，远没有人骨的多。

通过自己的努力，我取得了一点成绩，受到了前辈们的鼓励。反过来，这些成绩也增强了我继续发奋的信心。所以说，没有自己的努力，没有老一代科学家的支持和帮助，一个人的成功是不可能的。

在我家的客厅里，还挂着老一辈科学家的照片。虽然他们大多数都去世了，但自己在工作上遇到困难的时候，看一看这些前辈们的照片，从中也能得到很大的鼓舞。

辗转云南行

　　纽约自然博物馆已故馆长奥斯朋曾有一种说法，认为人类起源于中亚高原地区，一支往南去了爪哇，一支往北来到北京，一支西行到了德国海德堡。这一见解，在当时很流行，魏敦瑞也颇赞同。南行的一支到爪哇必须经过云南。听中国的地质学家尹赞勋和王日伦两位说，在云南的富民县河上洞中就有化石。我们决定前往调查。

　　得到所领导的批准和魏敦瑞的同意后，我们于1937年1月中旬出发了。这次外出只有卞美年、我和杜林春三人。出发前我还在患重感冒，在家休息。卞看我躺在床上，征求我的意见，想把行期往后推。我说，休息几天就没事了，下个礼拜可以动身。

　　这次外出，是想开辟新的化石地点，尽管我们已经在周口店找到了那么丰富的人类化石。对于我个人来说，在新一年周口店发掘工作开始之前，外出旅行一次，也是很难得的机会。当时京滇公路已建成，但还没开通，我们只好先到长沙。我们暂住在长沙分所，打算再雇汽车到云南。汽车没雇到，只好在长沙闲等。逛大街穿小巷，观察当地的风土人情。当然我们也没忘记渡过湘江，登上岳麓山，去凭吊中国地质界的老前辈和奠基人之一，我们的老所长丁文江(1887—1936)先生。丁先生的墓地就在岳麓山上。

几天后，我们再次去公路局询问车子情况。答复是小车子没有，如果你们愿意，给你们一个中等的旅行车。车子听你们调遣，也可顺便拉上几个客人，一路上想停就停，想走即走，费用照收。我们觉得虽有不便，可一时又没有想要的车，为了赶时间也只好如此。

车从长沙出发，客人不多，很松快，连躺着睡觉都可以。西行到了桃源县，车子坏了。一问司机，才知道一时半会儿修不好，有个零件要到常德去买，真是出师不利。正在烦闷无聊的时候，我突然想起了陶渊明的《桃花源记》。那还是我上学时学过的，文章字数不多，但结构严谨，含义丰富，老师叫我们背过。"晋太元中，武陵人捕鱼为业。缘溪行，忘路之远近。忽逢桃花林，夹岸数百步，中无杂树，芳草鲜美，落英缤纷。渔人甚异之。复前行，欲穷其林……"我把这篇文章背给卞、杜两人听，又把文章讲的故事叙说了一遍。我提议："既已到此，车子又坏了，天赐良机，准是叫我们游一游桃花源，你们看怎么样？"卞、杜也来了神。我们当即雇了一条小船，沿江慢慢游荡。船夫悠悠向前划行，只见前方有一片树林，船夫告诉我们，那就是桃花源了。划至近前，桃花虽不见盛开，却也含苞欲放，看得我们眼花缭乱。当时陶渊明写《桃花源记》时，是渴望有一处和平安详的生活环境。虽然我们什么也没见到，觉得有点遗憾，但到此一游却赶走了因车坏而造成的烦恼。回来时已是下午2点了，我们草草吃过饭，就往坏车处赶。

车修好了，继续西行。当时的公路很窄，路面也没有柏油，只铺了一层粗沙。路面被雨水一冲，泥泞不堪。车子左摇右晃，一天跑不了多少路。我坐在车上头昏脑涨，腰腿也酸痛难忍。我们不时叫车停下来，下车活动一下身脚。当年的旅行真是不易，与今天比较起来，有天大的差别。天色近黄昏时，到了贵州省黔东南苗族侗族自治州北部的施秉县，我们找了个旅店住下。我们三个人住在北房的一个大间里，因腰酸腿疼太累，晚饭后大家早早就入睡了。半夜，卞美年把我推醒。"你听这是什么声音？好像是同车而来，住在厢房的两位妇女在哭。看看去。"卞美年拉起我就走。敲开门一问，才知道她们的路费用光了，前不能行，后不能退，所以急得哭了起来。年老的妇女指着年轻的对我们说："这是我儿媳，要去贵阳找丈夫。"我俩一听，认为这没什么了不起，忙劝道："既然大家有缘同车而行，哪有不帮助的道理。"我回房取了15块银圆，交给老太婆，又说："不管如何，我们一定把你们送到家。钱呢，不必挂在心上，有就还，没有就算了。"她们说了许多感谢话，我俩也回屋继续睡觉去了。

汽车开到了贵阳东关，两位妇女下了车，她们要我们等一等。只见老婆婆跑进了一条小巷，那位年轻的女子站在车前。我们不知怎么回事，正在疑惑，从小巷中出来个青年，后面还跟着一群人。他们走到车前，一位年长的男人叫那个青年把钱如数还给了我们，还拉着我们去家里做客。我们解释说，要去云南有急事，不能多耽搁。磨了半天嘴皮子，他们才放我们走。车子开出很远，还见他们在向我们挥手。

　　到了安顺，我们看见当地的少数民族妇女上着蓝色短衣，腿上打着裹腿，赤足担水在街上叫卖。我也不知她们是什么民族，只是拿出相机，给她们照了几张相，就急忙上了车。到了下一站，我才发现相机不见了，左找右找也没有。想来想去，是给少数民族妇女照相时，卸完了胶卷忙着上车，把相机丢在大石头上了。唉，真倒霉，这是我花40块钱买的。卞、杜两人劝了半天，一路上我还是很心烦。好在回到北平后，我把几张照片投到大公报，得到些稿酬，补回了一点损失，因为那时贵州与内地的交通不便，这种照片很难得。

　　路途中，还经过了一个地方，我忘了叫什么名字。只见有的人家把门板卸下来，竖在门前，上面贴着长有1米、宽有半米的饼子。用手去摸，软软的，很像中医的膏药。问老乡，才知道是大烟，听了之后吓了一跳。我不由想起北京有人吸食大烟，倾家荡产，家破人亡的情景。不想这种害人的东西，这里到处都是，能不叫人胆战心惊吗？

　　到了贵州西部的盘县，我们乘的那辆车就不往前走了，因为以后的路段不归长沙管辖，去云南需要另换车。我们三人找了一家小店准备住下。进去一看，脏乱不堪，床上幔帐成了灰色，一动到处飞尘土。卞美年说，走吧，上县衙门去吧。

　　我们来到了县政府，县长立刻出来迎接。他早已接到长沙的通知，知道我们要路过他管辖的县去云南，为我们做好了准备。县太爷把我们迎进后院。后院有三间北屋，西边一间是他的办公室，东边一间是他的住房，中间那间原来是客房，让我们三个人住。室内干干净净，我们当然很满意。

在这里住了几天，县长对我们极为优待。早餐县太爷陪着，中餐晚餐可以说顿顿是酒席。我叫杜林春去问车，可回答总说没车。上街逛逛吧，又有警察保镖跟随。不对吧，我们越来越觉得不对劲。卞和我叫杜林春偷偷地给翁文灏（当时已任"中华民国"行政院院长）所长打了个电报，说明了我们在盘县的情况。

第二天上午这位县太爷就收到了翁的电报："卞、贾赴云南工作，请斥警护送出境，翁文灏。"至此县长才向我们吐了实情。原来，长沙卫戍司令部的军需，携带着一个营的军饷潜逃，就是乘我们的那辆特别待遇的车。盘县归长沙卫戍司令部管辖，所以县太爷接到通缉令，把全部乘客扣留。他也知道我们的底细，又不敢冒犯卫戍司令部的命令，只好用好吃好喝的办法，把我们三人给软禁起来。两天后，长沙司令部派来汽车押解犯人，又顺便把我们送到了平彝。

我们是在平彝过的春节。平彝是个穷县，过年连个鞭炮声也听不见。时逢过年，饭铺又关了门，我们只好与县长在一起吃了年夜饭，初二一早就乘长途汽车上路了。车子经曲靖到云南首府昆明。在昆明，因我们揣着经济部长的介绍信、卞美年朋友的介绍信，所以受到很好的照顾。卞美年的四哥卞万年是协和医院的大夫，他事先给在昆明医院当院长的同学写了信。出发前，我的感冒并没彻底好，落下的一站一坐腿便疼的毛病还是他给治好的。

昆明到富民不通汽车，我们只得雇几匹马，驮着我们和行李前进。马很小，天又下着小雨，路很难走，我们常常要下马牵着它走。从上午出发一直走到傍晚，才到达预定的客栈。

　　休息一夜，第二天我们就前往河上洞。河上洞在县城西约 4 千米的螳螂川旁的山坡上，距地面有六七十米。坡很陡，我们边爬边开路。到了洞里一看，那叫一个脏！洞口处横卧着一具干尸，干尸手里还拿着装鸦片烟的空筒子。我们叫雇来的民工把死尸埋了，又清理了一下现场，按比例测量完洞的平面图后，就正式开始发掘了。

　　洞里各处我们都发掘了，只有右壁的角落里化石较多。每天我们也不过掘出点兽牙，兽牙的牙根也不全，像被豪猪啃过的。兽牙中有大熊猫、鬣狗、犀、貘、鹿和象的牙齿，这些动物都属于"大熊猫—剑齿象"动物群。其他没有什么重要发现。

　　正月十五这一天，天气很热，我们个个汗流浃背，卞美年更觉得喘不过气来。猛然间，他跳入河中，想洗澡凉快一下。我们还没反应过来，他就大叫："别下来！水太凉。"当他爬上岸后，浑身打起哆嗦。我和杜林春赶紧把他背到平地上，雇了匹耕地的马，将他驮回店房。杜上街买药，什么也没买到，丧气而归。此时卞浑身滚烫，我们也没了主意。正在这时，县长来了，他看了看卞美年，说吸口大烟就没事了。我们本来痛恨毒品，但到了这时，也不得不试试。大烟装好了，卞美年不会吸。这时有个当地人吸了足足一口，朝着卞的嘴里、鼻里猛地一喷，接着又如此喷了几次。第二天卞还真好了许多。我问："大烟什么味？上瘾了吗？"他说："要是上了瘾，我回去怎么交代呀，你们也交代不了。"以后，卞在客栈休息，我和杜带着雇来的民工去挖掘。几天下来，仍觉得没戏，我们便带着这些化石，打道返回了昆明。

　　在昆明，我们马上给魏敦瑞拍了电报，汇报情况。魏敦瑞也很

快回了电报:"卞可留云南找新化石点,贾乘飞机速返。"接到电报后,我马上去机场探询。当时昆明只有中德合作的航空公司。该公司有飞机从昆明飞往西安,已经试飞过,还有航空保险。不过一问票价,400块,我直吐舌头。要知道400银圆,当时可以买下一所小四合院呢。我只好再给魏打电报,魏回电说:"不管票价多少,速归主持周口店工作。"

飞机是中德20号,外表很好看。飞机上没有几位旅客,一来是票价太贵,二是刚试飞还无人敢坐。当时飞机的座舱不密封,飞到高空时,缺少氧气,乘客非常难受。空中小姐不时拿着一根皮管,往客人的鼻里、嘴里吹氧气。这样到了西安,我又改乘火车返回了北平。

进 修 解 剖 学

　　转眼到了 1939 年的春天，新生代研究室没有什么重要事可干。魏敦瑞打算叫我今后跟他一起搞人类学，所以派我到协和医学院主管入学的福开森女士那里，报名登记入学，学习人体解剖学、神经学等课程。

　　我记得我们这批学员共有 16 人，由潘铭紫先生执教，4 个人一具尸体。尸体都是经过处理后用纱布缠绕起来的，解剖哪里，就打开哪里。我们所用的课本是《格氏解剖学》。解剖先从大腿内侧开始，因为这个部位动脉、静脉和神经束最粗大。课程很紧，每天都要完成一个段落，一天不去，就接不上茬，所以不敢旷课。

　　经过整整一年的进修，我系统地学习了人体解剖课程，对于人体的骨骼、肌肉、神经各部分了解很多。对于我来说，这是一次非常难得的学习机会。从入学第一天起，我总是早来晚走。早晨一到医学院，换上白大褂，就一头扎进了解剖室。考试的时候，对于骨骼部分，我都是免考的，因为在周口店的发掘实践中和自学中，我已基本上掌握了各个部位的名称和特征。在上骨骼部分的课时，有时潘铭紫教授还叫我给大家讲解和指导。

尽管这样，我还是一丝不苟，甚至我比其他学员观察得更仔细。在我的白大褂的兜内经常装着人手腕的骨骼，没事我就摸摸，分辨

是哪块骨骼，猜对了就放到另一侧的兜里，错了重新摸。熟能生巧，最后我还能分出哪块是左手的，哪块是右手的。这也是我自创的识别方法。课程完毕后，我又回到了新生代研究室，经过这一年的系统学习，我觉得有一种如虎添翼之感。

学习人体解剖，一年到头与尸体打交道，在一些人的眼里，总是有些犯忌的。处理尸体时，要用福尔马林（甲醛水溶液）、甘油和盐酸浸泡以防腐，所以我的身上总是有福尔马林的气味。同事们都不愿意和我在一起吃饭，说我身上有一股死人味，我家里人也这么看。我差不多每天更换内衣，上课时要穿洋服（西装），外边套上白大褂。回到研究室后很长一段时间，人家才觉得我没死人味了。

由于丰盛胡同的中国地质调查所北平分所被伪政权接收，我们新生代研究室的人退了出来，回到协和医学院娄公楼办公。日本人还没占领协和医学院和协和医院。我们离开丰盛胡同3号时，把存放在后楼上的"北京人"遗址发掘出来的碎骨片和鹿的残椅角等装了10多箱，一起运到了娄公楼。裴先生看我招呼工人们装运碎骨片，有点不满，而我认为这批材料很重要，因为里边有很多是人工打制的骨器。

裴先生不经常到娄公楼来，他吩咐我把石器分好类编上号，并把出土的地点和发现的年月日等一一编目，制成卡片。我按裴先生的分派编写石器目录和卡片，但一得空闲，就去摸摸从丰盛胡同运回来的骨器。虽然裴先生对我研究骨器有些不满，但我并没有耽误他交给我的工作，他也就不便说什么了。

在这段工作中，我对每一件石器又从头到尾地摸索观察了一遍，这让我受益匪浅，为今后辨认石器和骨器打下了良好的基础。这一期间我还仔细地阅读了裴文中的老师、法国考古学家步日耶的《周口店猿人产地之骨器物》一文。这篇文章是步日耶研究了"北京人"产地的骨器后发表的。文章中所述的都是一些早期发现的材料，而这些骨器中人工打制的痕迹更加清楚，我认为对研究"北京人"来说很重要。

看得出来，裴先生对我摆弄骨器不大满意，他不说什么，但经常发脾气。有时他发起脾气来，使人莫名其妙。有一次，新生代研究室秘书乔石生为了打扫修理化石落在地上的石土，买了几把笤帚。对此，裴文中发了火，气得乔石生收拾好自己的东西要走，我把他劝住了。后来裴先生又找乔商量修理化石的事，两人间的疙瘩才慢慢地解开了。我们觉得，裴之所以发脾气，大概是因为南下的同事仍能大干工作，他在敌人占领下的北平没什么事可干，感到事业渺茫，心烦意乱。其实有谁心里踏实呢？

结 识 夏 景 修

南下不成，新生代研究室解散，我失了业。虽说父亲有点养老金放在一些知根知底的朋友的商号里吃利息，但这时期的物价飞涨，一天一个样，所得的利息也顶不了什么用。总得想个办法生活呀！

一天我在大街上闲逛，在东单附近见到了曾在协和医学院邮务处工作的金孝儒先生。我俩很熟，我用假名和重庆的同事通信的来往信件，都是经过检查之后由他派人送到每个人的手里。我问他今后的打算，他说想开个药房维持生计。他的想法提醒了我，我说不如我们合伙开吧，我们找些股东，再各自找些协和医学院的人，开个药房，这比干其他的容易。

我们一拍即合，说干就干。我找了乔石生，金又找了协和医院药房主任张稔年，另外找了几名技术人员和营业员。本钱是大家凑的。我父亲为了找股本也出了很大的力。药房地址选在我家的前院。

这样大家忙碌了一阵子，1942年下半年"卉园"商行开张了。我出任经理，金孝儒任副经理，张稔年为药剂师，乔石生为会计。申报的经营项目是西药兼营化妆品。所有配方都由张稔年提供，其实这都是协和医院的药方。我们只是按现成的药方制成药品和化妆品。没多久，第一批化妆品——兰娜林霜就问世了。

卉园商行按部就班地运作起来之后，我就很少去问，顶多点个卯。我的心思仍在我的老本行上。我利用这段时间读了魏敦瑞发表在中国古生物志上的文章《中国猿人之下颏》《中国猿人与其他人种及高等猿类脑型之比较研究》等。我还经常跑书店，像琉璃厂西街路南的龙门联合书局，就是我常光顾的地方。我去书店实际上不是买书而是去看书，时间长了，彼此就熟了。有时店员竟叫我把书拿回家看，只要不把书弄皱弄脏；有时还给我搬个椅子，叫我坐着看。一来二去，竟闹出个奇缘来。

人一熟了吃喝就不分了。先是书店的人留我在店中吃饭，后来我也买些熟肉食品拿到书店邀大家一起吃，算是回报。逐渐地我认识了一些朋友，其中天津劝业场龙门书局的经理李卧卢先生就是在这里认识的。

卉园商行出售药品和化妆品多为代销式，货发往各处商店，待销售后再结账。由于当时制造药品和化妆品的原料大幅上涨，等到货款收回来时，连本钱也不够了。一来二去，经营越来越不景气，后来索性卖起原装药品来。

那时协和医院的大夫有的在北平，有的在天津开起了私人诊所。这些诊所如果光靠给病人看病很难维持，所以他们也是一边看病，一边卖药品。当时没有什么假药，药都是在各医院、各诊所之间倒来倒去，从中可以渔利。从此，我也开始来往于各商号之间。每到天津，我总到李卧卢的龙门书局去串门。他的书店由一个姓张的先生和一位叫夏景修的女子管理账目、整理图书或为顾客送书等。每次去，夏景修对我都很热情，从她的言谈、举止和眼神中，我都能感到她对我很好。她还邀我到她的干爹家去过。时间久了，我俩之间产生了感情。在她的干爹和李卧卢等人极力撮合下，我和夏景修同居了。虽然当时可以娶两个老婆，但这事在征得父母及家室同意前，还不便公开。

能娶夏景修，这恐怕是我们那个时代的人与现代人不尽相同的地方吧。

日本投降后，来到北平接收地质调查所的高振西先生找到了我，说杨钟健托他带信给我，叫我回地质调查所上班。高振西在 20 世纪 30 年代初期从北京大学地质系毕业，后留校当了助教。他经常带着学生到周口店参观和实习，所以我俩很熟。对我来说，他的到来真是个大惊喜。不久"中央地质调查所"所长李春昱也来我家找我，希望我把商行的事处理好，早日回地质所上班。这不是我盼望已久的事吗？我把商行盘给了好友阎斌先生。他的父亲开办过交通汽车行，家里很富足。阎斌自己也想把卉园商行接手过来大干一场，这正是我巴不得的事。后来他把接手后的商行从我家前院迁到了西交民巷，对于原来的股份是怎么偿还的，我也记不清了，因为我的心早已飞回到地质调查所。

正在这时，夏景修也来到了北平。我在西城王爷佛堂胡同租了三间房子，把她安置好，然后就回到地质调查所上班了。

与 胡 适 谈 合 作

回到了地质调查所，重操旧业，又搞起了老本行，我的心愿也实现了。我寻思着再好好干上一场。刚上班，已任北平分所所长的高平找我谈话，说我的职务仍然按 1937 年上报铨叙部的技士来定并且早已正式批准。

重新回到了兵马司，除见到了裴文中外，还见到刚从辅仁大学毕业，由一位神父介绍给裴文中来此上班的刘宪亭先生。此时的一些老朋友多不见了。卞美年到玉门油矿去了，他的愿望本来就是搞经济地质，如今也如愿以偿了。与我共事多年的李悦言，虽还有信来往，他也与侯德榜搞"红三角牌碱面"去了。杨钟健去了国外。所里的人虽还认识不少，但总觉得到了一个生疏的地方，自己倒像是个外来人。

干我们这一行，如果没有标本，没有图书，没有有能力的研究人员，就等于是个空架子。特别是标本和图书，被日本侵略者破坏了不少，一些标本也散乱了，到哪里去弄标本呢？

此时北平协和医学院也开始恢复，原来管学生注册的美国人福开森女士又回到了协和医学院。我去找她，询问新生代研究室遗留的东西。她愣了一会儿说，好像小东门外的库里有一些东西，像是你们的。说完就带着我去查看。她打开库房，屋里乱七八糟，尘土很厚，木架上和地上堆满了东西，连个下脚的地方都没有。

我仔细查找。木架子上和地上堆了很多模型的模子，还有一些现生的脊椎动物的骨架，周口店现在还陈列着的大扁角鹿的完整犄角，韩丽娥女士（美国人，曾任北平协和医学院解剖科及新生代研究室秘书）的丈夫从非洲猎来的象头骨骼，还有一些装在大黑木箱里的现代人的头骨。其中虽然有些是解剖科的东西，由于它们原先放在魏敦瑞的研究室里，也被算是我们的东西了。同时我还找到了些新生代研究室使用过的办公桌、柜子等。经福开森女士同意，我在上边都做了记号，准备运回兵马司。

往回运的那天，由于没有车，我们只有雇人运。一时间挑的挑、扛的扛，加上有很多动物骨架，一路上招来了很多人看热闹。

抗日战争前，新生代研究室还保存了很多现生的动物骨骼标本，在亚洲也堪称第一。我管理过标本，所以我对标本的重要性很有认识。

东西运回来后，我和刘宪亭开始整理。我们一件件重新核对，重新建卡，重新码放，着实费了很多精力，但总算把标本又整理起来了。我们每年还要对标本进行清理除尘，放上卫生球，避免虫蛀。有些零散的骨骼需制成完整的骨架，我们没有那种手艺，还是由王存义先生来完成。我们和动物园还有个不成文的协定，动物园里非病死的动物交给我们，由王存义剥制，再制成骨架。所以标本慢慢地又多起来。可惜"文化大革命"期间标本再次遭到浩劫，我们非常痛心。

新生代研究室恢复之后，裴文中就想与外单位合作，开始与裴先生接触的是北京大学校长胡适。他经常找裴先生谈合作的事。

我和裴先生在一个办公室，有时裴先生不在，胡适就跟我谈合作事宜。我做不了主，也拿不定主意。有一次高平（"中央地质调查所"北平分所长）找我谈话，提起这些事我跟他谈了我的看法。我觉得既然没事可做，如果他们能给经费，至少可以再发掘周口店，合作的事不妨试试，翁所长不是也跟美国人合作过吗？高平听了，面带怒容地说："你既然是地质调查所的人，就在这里好好工作吧。根据以前的安排，你还是主管你的陈列馆和标本。"后来杨钟健回到北平，我把合作的事跟他一说，他也不同意，还很生气，不住地拍桌子。

此时，胡适为我们找到了房子，在宣武门国会街，即军阀时期（军阀是指军人以武力为后盾，割据一方，自成派系的军人或军人集团。此处的军阀时期是指民国初年的北洋军阀以及直系、皖系、奉系等军阀的相互混战时期）召开国会的地方。杨先生本不想去看房子，经我劝说，勉强去了。

到了那里，有人领着我们转了一圈。院子很大，紧靠东墙有处两层高的楼，是准备给我们用的。当然我们也借机参观了过去召开国会的地方。那大厅是圆形的，主席台在正中央，四周的座位从主

席台周围的第一排起，往后一排比一排高。座前的小桌子上还有个墨盒，用手去拿，拿不动。仔细一看，墨盒都用钉子钉死了，看来是怕开会时不同派别争吵起来，抛墨盒砸人吧。能借机到此参观也不虚此行。

与北大合作的事，由于杨钟健极力反对而作罢。但此后，裴文中又与燕京大学校长司徒雷登有了接触，看来裴文中先生对合作之事仍不死心。司徒雷登打算先把燕京大学校园内东北角的一处四合院交给新生代研究室用，成立个史前博物馆。

裴文中与我商量后，又与高平商量，并给南京的杨钟健去了信。结果他们都同意了，我当然更没什么可说的了。不过在往新地点拿标本时，我只拿去了一点动物骨骼，还有我正在研究的，在河南安阳附近殷代墓地中发现的马的骨骼。至于"北京人"的模型、石器、骨器等我都没敢动。倒是裴先生把他从法国带回来的东西运过去不少。

中华人民共和国成立后，燕京大学取消，北京大学搬入燕京大学，这些标本就都属于了北京大学，现在它们还存放在北京大学考古系。在与燕京大学合作期间，我和裴文中走访了不少著名的前辈学者，如李汝祺、鸟居龙藏（日本考古学家，时任燕京大学教授）、吴文藻等先生和冰心女士等。特别是吴文藻先生，我与他以前就很熟识，他经常带学生到周口店参观。从 1935 年起，我就接待过很多燕京大学的老科学家。从他们的身上我学到了很多宝贵的治学经验和品德。

一 场 长 达 四 年 之 久 的 争 论

中华人民共和国成立后的首次发掘，除了发现的五枚牙齿外，还在山顶洞洞口东侧"北京人"遗址的堆积中挖掘出一块头盖骨。

30年代，我曾在这个地方发现过一块"北京人"的头骨，当时我没再向里面挖。我相信再向里挖，说不定还能找到人头骨的另一半。我把我的想法说给青年人，他们这样做了，果然发现了一块头骨。虽然这块头骨与1934年发现的那块对不起来，但它给了我们个最有力的证明，就是"北京人"在周口店生活期间，由前到后断断续续有近50万年，而身体的构造并无多大变化，只是在上部发现的下颌骨前下部出现的"颏三角"可以认为是下颏的"雏形"。

周口店初建陈列馆，得到了竺可桢副院长和杨钟健的大力支持。1952年陈列馆建成后，为了使周口店的发现能早日与参观者见面，我带领全体工作人员，没日没夜地工作，有的清理标本，有的布置展台，有的写标签。大家没有一点怨言，每个人心中只有一个愿望，把陈列馆布置好早日开放。回想起当时的工作情景，真使人感到激动和鼓舞。虽说新建成的陈列馆不大，但比起用两块铺板展示标本的情景来，又使人大喜过望了。

预展之前，杨钟健先生来了，他将全部展台展柜都检查了一番，很满意，他对大家说了很多鼓励的话。随后，裴文中先生也来了。他看到展柜里陈列着一些骨器时，非常恼火。裴问："这些是什么？"我答："骨器。"他叫我们把展柜打开，边扒一边扔，还说："这也是骨器？"原来我们摆放得很整齐的标本，这下倒好，全乱套了。我也有点火了，红着脸争辩说："您的老师步日耶和您自己都承认'北京人'也制作过骨器使用嘛！这些都是选出来打击痕迹很清楚的材料，怎么说它们不是骨器呢？""那就在预展期间听听别人的意见再说吧！"裴先生不再说什么了，我也转怒为笑，陪他参观了其他部分。等裴先生走后，我又一块块把标本按原样摆放好。

想想刚才的争辩，我觉得我们都不太冷静，特别是我，怎么能对裴先生发火呢？我刚来周口店时，是一个什么都不懂的小伙计，不是他一点一滴地教会了我很多的东西吗？"一日为师，终生不忘"才是道理。我还是应该检查检查自己和我们工作中的不足。这点小小的不愉快，我没往心里去。当然我更知道裴先生也不会往心里去，他向来都是有意见有看法，摆在桌面上的，从不在你背后做手脚。不知怎么，这事传到了杨钟健耳朵里。我回到北京，杨先生问我到底是怎么回事，我把前前后后的经过说了一遍。杨先生很认真，问我碎骨是不是人打制的，是不是骨器。我说："步日耶认为有许多是骨器，我认为没有错。就是您自己研究过的《周口店第 1 地点之偶蹄类化石》(《中国古生物志》丙种第 8 号) 一书中所使用的材料中就有许多是骨器。只要我们仔细观察就会弄明白。"我接着说："一点小事过去就完了。"

杨钟健对这个问题十分重视，他认为对骨器的看法既然有分歧，就应该把问题公开化，加以讨论，否则在一个陈列馆里，各说各的，认识不统一，参观者更搞不明白总不像话吧。杨先生的想法很合我的心意。我说一点小事过去就完了，只是说发火的事。对于学术上的分歧，我也想找个适宜的时机与裴先生争辩争辩。我想人的头脑要围着事实转，不能叫事实围着自己的头脑转。对的就要坚持，不管你是外国的权威，还是中国的权威。错了就要改，不改则误人误己。

当时，我的工作很忙，既任标本室主任，又兼周口店工作站站长，还任新生代研究室副主任 (杨钟健任主任)，经常跑野外调查，还要搞室内的研究，无暇顾及争鸣的问题。直到 1959 年，我才在《考古学报》第 3 期上发表了一篇题为《关于中国猿人的骨器问题》的文章。文中说：

自 1933 年裴文中教授在中国猿人化石产地发现石器和用火的遗迹之后，又一次惹起了学术界的注意。首先为此事来我国的是法国步日耶教授，他在周口店做了几天观察，不仅承认了石器和用火的遗迹，而且认为所发现的碎骨中有许多是加工过的骨器。于同年的冬季，他在北京举行的中国地质学会会议上，对石器和用火的遗迹以及骨器的意义做了一次简单报告。后来他再次来我国，又把所发现的碎骨和碎角做了一次研究，写出了一本周口店《中国猿人化石产地的骨角器物》专论，发表于《中国古生物志》。1933年由步达生、德日进、杨钟健、裴文中诸教授合著的《中国原人史要》一书中，也对中国猿人的骨器做了扼要的阐述。

尽管这个问题在刊物中一再提出，但在考古学界并未得到一致的认识。有人认为：碎骨和碎角上人工打击的痕迹有的是用石锤砸出来的，有的是许多带刃的石器砍斫出来的；砸击或砍斫的目的有时是制造骨器。但也有人认为：有的骨骼是被动物咬碎的，有的是被洞顶塌落下来的石块砸碎的；虽然有一部分骨骼可能是为中国猿人打碎，但打碎的目的不是制造骨器而是吃骨骼里面的骨髓。像上述的对立的看法始终未能统一，就在我们的古脊椎动物研究所里，一直到今天还存在着不同的意见。

中国猿人化石产地，在高达40米的堆积中，都发现过哺乳动物的骨骼化石，而所有的化石除了极少数的猪、鬣狗、熊的头骨和斑鹿角（只有一对）之外又都十分破碎。根据破碎的痕迹观察，破碎的原因相当复杂，如果把它们归于单方面的原因，是与实际情况不符的。

裴文中教授在20年前也曾把当时新生代研究室里保存的、认为不是人工破碎的哺乳动物化石加以搜集、研究与试验，写出了一本《非人工破碎之骨化石》(1938年)，发表于《中国古生物志》上。他在正文中把碎骨分啮齿类动物咬碎、食肉类动物咬碎、食肉类动物爪痕、腐蚀纹、化学作用、水的作用等六段来叙述，把中国猿人化石产地的一部分碎骨也包括在内。

文章一开始，我就对周口店骨器的研究、不同的意见和看法做了阐述。对于裴文中提出上述几点原因，我也谈了我的看法。

我认为裴先生提出的关于碎骨的几个原因都有可能，但必须对碎骨和碎角的痕迹加以分析，不能一概而论。即使在同一块骨头上，由不同的原因产生的痕迹也会存在。观察任何事物，都不能以其中的一种现象来掩盖全貌。

洞顶塌落下来的石块把洞内的骨骼砸碎是完全可能的，砸碎的骨骼一般都看不出打击点，即或偶尔看出砸的痕迹但它没有一定方向，而且又集中于一点上；同时被砸碎的骨骼，在它的周围还可以找到连接在一起的碎渣。

人工打碎的痕迹在我们发现的碎骨中有许多。

问题在于打碎的目的是什么。有人认为打碎骨骼是为了取食里面的骨髓。这种说法并非不近情理。那么，是不是所有人工打碎的骨骼都可以用这个原因来解释呢？我认为不能，因为有许多破碎的骨骼用这一原因就解释不通。

我们发现了很多破碎的鹿角，肿骨鹿的角虽然多是脱落下来的，但斑鹿的角则是由角根地方砍掉的。这两种鹿的角，多被截成残段，有的保存了角根，有的保存了角尖。肿骨鹿的角根一般只保存有 12 ～ 20 厘米长，上端多有清楚的砍砸痕迹；斑鹿的角根保存的部分较长，上下端的砍砸痕迹都很清楚，并且第一个角枝常被砍掉。发现的角尖以斑鹿的为多，由破裂痕迹观察，有许多也是被砍砸下来的。在肿骨鹿的角根上常见有坑疤，在斑鹿的角尖上常见有横沟，很可能是使用过程中产生的痕迹。

有一些大动物的距骨和犀牛的肱骨，表面上显示着许多长条沟痕，由沟痕的性质和分布的情形观察，可以断定它们是被当作骨砧使用而砸刻出来的。

破碎的鹿肢骨发现最多，特别是桡骨和距骨，它们一端常被打成尖状，有的肢骨还顺着长轴被劈开，一头再被打成尖形或刀形。此外还有许多的骨片，在边缘上有多次打击的痕迹。像上述那样的碎骨，我们不仅不能用被水冲磨、动物咬碎或石块塌落来说明它，也同样不能用敲骨吸髓来解释。敲骨吸髓，只要砸破了骨头就算达到了目的，用不着打击成尖状或刀状，更用不着把打碎的骨片再加以多次打击。特别是鹿角，根本无髓可取，更不能做无目的的砍砸。截断了的肿骨鹿的角根，既粗壮又坚硬，我同意步日耶教授的看法（我并不承认步日耶教授的全部意见，只是承认我认为是可靠的部分），它们可能是被当作锤子来使用的。带尖的鹿角或者是打击成带尖的肢骨，我认为都是当作挖掘工具使用的。

我对被水冲磨的痕迹认为：

被水冲磨的碎骨很多……但是这种痕迹是很容易识别的，绝不会当作人工痕迹来看待。

对于被动物所咬的痕迹，我认为在发现的碎骨中也存在着被动物咬的痕迹。特别是啮齿类动物喜欢咬一切东西，不仅咬骨头也咬石头。它们的喜咬是由于门齿无齿根，而又连续在生长，如果不经常摩擦则会使它不便于食而致死亡。但是被啮齿类动物咬过的痕迹是容易区别的。因为它们都是成组的直而宽的条痕，好像用齐头的凿子刻出来的；条痕之间有左右门齿的空隙所保留的窄条凸棱，而且由于上下门齿咬啮，条痕是上下相对的。咬痕的大小与宽窄，则视动物大小而定。在肉食类动物中，以鬣狗的咬力最强，它们可以咬碎马、牛等大动物的骨骼。这种动物咬碎的骨骼和人工打碎的骨骼虽然易混淆，但是仔细观察，仍然是可以区别开来的，因为牙齿（多用犬齿）咬碎的常常保持着上宽下窄条形的齿痕，而这种齿痕又多是上下相对的。

此外，我在《中国猿人》(1950年龙门联合书局出版) 小册子中写道，周口店还发现了许多自然脱落或砸去鹿角的头骨，它们的面部和头骨底部都被砸掉，只保留了鹿的脑瓢，这样的头骨前后发现有数百个之多。步日耶认为这些头骨是中国猿人用来作为舀水器皿的。我认为"北京人"的头骨情况也是如此。我们发现完整的或比较完整的人头骨共有5个之多，它们也都被砸去了头骨的面部和底部，只剩了瓢儿似的头盖，看来也作为舀水的工具使用过。

裴先生对我的意见提出了反驳。他在《考古学报》(1960年第2期) 上发表了一篇文章——《关于中国猿人骨器问题的说明和意见》。文中说：

> 我个人还有些不同意贾先生1959年的说法。我个人认为，打碎头骨，是因为骨质内部结构的关系，头骨破碎时

自然成为尖形或刀状。这不是中国猿人能力所能控制的，不是有意识地打成的。这是可以用最简单容易的试验证明的。如果将现在的猪的长骨打破，我们可以看看是不是可以成尖状或刀状。这不能成为争辩的问题。

文章继续写道：

我自己不反对：周口店一些碎骨上有人工的痕迹。就是最保守的德日进也承认鹿角上有烧的痕迹，也有人工砍砸的痕迹。但是他认为是因为要在洞内食用鹿头，有庞大的鹿角不方便，所以将鹿角砍砸下来。他的意见是烧了以后，容易砸落，烧的痕迹正可以证明是为了砍掉鹿角而遗弃不食。

文章最后说：

贾先生应当不要忘记自己所说的话，"骨片之中，虽有若干是经人力所打碎，但是有第二步工作的骨器则极少，如果严格地说，连百分之一都不足"，而不一般地讲："将中国猿人产地发现的碎骨化石，逐渐地都加以详细研究，也像石器一样的可分为下列几类工具。"贾先生"连百分之一都不足"的分析，是很正确的；但是把中国猿人的"骨器"说成"像石器一样的……"则不免失之于过分了。

裴先生的意见，我认为在很多处与事实不符，当然不能把我说服。

我和裴先生前后讨论过不少问题，关于骨器的讨论只是问题之一。关于中国猿人产地石器的性质和中国猿人（今"猿"字早已废弃，改学名为"北京直立人"或"北京人"）是否是最早的人这个问题的讨论就长达一年多之久。

因为讨论的都是学术问题，在学者之间因观点不同而争鸣是很正常的现象。有时争得面红耳赤，但并不伤感情。我和裴先生经常用争鸣得到的稿费，一起到饭馆"撮"一顿，杨钟健知道了，也凑热闹地和我俩一起去蹭一顿。

在"北京人"之前是否还有更原始的人类存在的问题上，德日进认为中国不会有比中国猿人再早的人类；而裴文中则认为北京人是世界上最早的人类，不会有比"北京人"更早的人类了。

我和我的学生也是好友王建，在深入研究了周口店"北京人"使用的石器，特别是用火的遗迹后，认为裴先生的看法不正确。他这种看法是关上了问题的大门，不利于本门学科的发展。因而我们以《泥河湾期的地层才是最早人类的脚踏地》为题，在《科学通报》1957 年第 1 期上发表了一篇短文。

泥河湾期的标准地点在河北省西北部的阳原县境内，为一河湖相沉积，由沙砾和泥灰质土组成。经过研究比证，泥河湾期所产的重要哺乳动物化石，其时代比"北京人"化石地点发现的动物化石要早得多，并且它们还是相互衔接的。因此，我们在短文中指出：

中国猿人的石器，从全面来看，它是具有一定的进步性质的。我们从打击石片上来看，中国猿人至少已能运用三种方法，即摔击法、砸击法、直接打击法（锤击法）。从第二步加工上来看，中国猿人已能将石片修整成较精细的石器。从类型上来看，中国猿人的石器已有相当的分化，即锤状器、砍伐器、盘状器、尖状器和刮削器。这种打击石片的多样性和石器在用途上的较繁的分工，无疑标志着中国猿人的石器已有一定的进步性质。虽然如此，但也不容否认，中国猿人的石器和它的制造过程还保留着相当程度的原始性质。

人类是否有一个阶段是用"碎的石子，以其所成的偶然形状为工具呢"？肯定是有的。但事实证明，这种人类不是中国猿人，而应该是中国猿人以前的、比中国猿人更原始的人类。假若没有这样一个阶段，就不可能有中国猿人那样的石器产生。因为事物是由简单到复杂，由低级到高级而发展的。同时很多事实表明，人类越在早期，他的文化进步越慢。那么，中国猿人能够制造较精细的和种类较多的石器，这是人类在漫长岁月中同自然做斗争的结果。由此可见，显然与中国猿人时代相接的泥河湾期还应有人类及其文化的存在。

我们还从中国猿人能够使用火、控制火，以及中国猿人的脑量和体质几个方面证明，中国猿人不可能是最原始的人。

20 世纪 60 年代初期，裴文中先生对我们那篇短论进行了反驳，他以《"曙石器"问题回顾》为题，在《新建设》杂志 1961 年 7 月号上发表了一篇文章。文章很长，又引用了不少外国的材料，其中有一段话，才是他的重点所在。他在文章中说道：

  至于说中国猿人石器之前有人工打制的"石器"，我觉得这种说法也难以成立。周口店第 13 地点的时代是要比第 1 地点较早一些，但周口店 13 地点的石器，我们始终认为它仍然是中国猿人制作的。而且也只有 1 件石器，虽然它的人工痕迹没有人怀疑，但不能说是一种文化，或者说是中国猿人文化以外或以前的一种文化。更不能证明中国猿人之前，存在着另一种人类，如莫蒂耶所说 Homosinia(半人半猿)之类的"人"一样。

  至于说中国泥河湾期(即更新世初期)有人类或有石器，我们应该直率地说，至今还没有发现。同样的问题也就是"曙石器"问题，在西方学者中曾争论了近百年，也有许多人尽了很大的努力寻找泥河湾期(欧洲维拉方期)的人类化石和石器，但没有成功。如果欧洲的科学发展程序可以为我们借鉴的话，我们除了在一些基本原则问题上展开"争鸣"以外，是否可以做一些有用的工作，如试验、采集工作？这比争论现在科学发展还没到达解决时间的问题，或比在希望不大的地层中去寻找有争论的"曙石器"可能更有意义一些。

　　我和裴文中对于"北京人"是否是最原始的人的争论,引起了很大的轰动。《新建设》《光明日报》《文汇报》《人民日报》《科学报》《历史教学》《红旗》等报刊上都发表了对此争鸣的文章和意见。根据我的回忆,参加这场争鸣的人除我和裴文中二人外,还有吴汝康先生、王建先生、吴定良先生、梁钊韬先生、夏鼐先生等。大家都认为中国猿人不是最原始的人。

　　我对"北京人"不是最原始的人类的认识,并非从 20 世纪 50 年代中期才开始,而是从我主持周口店发掘工作之后开始的。在工作中边干边学习,我对所干的这行产生了兴趣,加深了认识,对"北京人"及其文化的"最原始性"产生了疑问。这个疑问是看见"北京人"遗址中有成堆的灰烬而引出的。

　　火对人来说,有着有利的一面,也有着有害的一面。能够用其有利的一面而避其有害的一面,绝不是人类在很短时期内所能办到的。我们能够想象得到,最初的人类遇见山火时必然惊慌万分,到处逃窜。在发掘中,我们看见在一块巨大的石面上,有的灰烬成堆,灰堆中还有烧骨。灰堆的存在,证明了当时"北京人"已经能够控制火,并使火不四处蔓延。从认识火、利用火,到控制火这一进步过程,不可能是最早的人类能一下子达到的,这是人类从实践到认识、从认识再到实践反反复复长期累积的结果。

　　再拿石器来说,"北京人"不仅能打出很好的石片,而且还能利用石片经过再加工,修理成适手的工具,这绝不是最初的人类所能办到的。

　　说石器没有分工是不可能的。比如制造的大型砍斫器(也称砍砸器）就不可能当作只有几克重的尖器来使用；反之这种小尖状器也不可能当作大型砍斫器来使用。特别是有一件石锥形长尖状物，它的一端打制成长尖状，一端是扁平状，这无疑是件石锥。至于当时的"北京人"锥什么东西我们还没办法搞清楚，但毋庸置疑的是，"北京人"打制的技术已有所进步了。这种进步也绝不是最初人类就能一下子掌握的。也就是说，这是人类为了自己求得生存，在与大自然的搏斗中长期累积经验的结果。

想法归想法，科学是要以事实为依据的，争来争去没有证据，也是枉然。到哪里去找证据呢？我思想上也背了很重的包袱。找不到证据，无法向人们交代，好像欠下了一笔债，愁苦难言。

1962年夏鼐先生在《红旗》第17期上，发表了《新中国的考古学》的文章，其中有这样一段话：

> 1957年山西芮城县匼河出土的石器，据发现人说，比北京猿人还要早一些。现在我们可以将我国境内人类发展的几个基本环节联系起来。最近，关于北京猿人是不是最原始的人这一问题，引起了学术界热烈的争鸣。有的学者认为："北京猿人已知道用火，可以说已进入恩格斯和摩尔根所说的人类进化史上的'蒙昧期中期阶段'，不会是最古的最原始的人。匼河的旧石器也有比北京猿人为早的可能。"

到了这时，这场争鸣才算"刹了车"。虽没得出最终的结果，但这场争鸣对我们是一次大促进，它给我们搞这门学科的研究带来了极大的动力。为寻找比"北京人"更早的人类遗骸和文化，我们爬山、涉水、钻山洞，拼命地工作，为这门学科的发展带来了新的曙光。

广西探洞寻"巨猿"

我们既不会"神机妙算"又没有"特异功能"，只能凭着别人给我们提供的线索，去寻找我们需要研究的对象。

以前老百姓没有哺乳动物化石这方面的知识，但你要说"龙骨"，他们大多数人，包括小孩子都知道。当时各地的一些民众把挖"龙骨"作为副业。在西北地区，每年挖出的"龙骨"至少有数十万斤之多。"龙骨"被收购站收购后，再销往中国香港、东南亚地区及世界各国。许多华人都有把"龙骨"当中药吃的习惯。其实"龙骨"就是我们所说的哺乳动物化石。中药中的"龙骨""龙齿"（即哺乳动物的牙齿）完全可以用牡蛎壳代替，但中医大夫们仍喜欢用"龙骨"。

20世纪30年代，德籍荷兰的古人类学家孔尼华曾来华，他把在香港和广州中药铺里买到的三颗巨大的猿牙齿给魏敦瑞看，孔尼华将此类猿命名为"巨猿"。巨猿牙齿很大，与现代人的牙齿相比，几乎大四倍。魏敦瑞很吃惊,他看了很久,越看越觉得像人的牙齿。后来两人又把"巨猿"的学名改为"巨人"。这么大的猿原生存在何处呢?孔尼华认为在华南,因为他是在香港和广州买到其牙齿的。

我们虽然对"巨猿"极感兴趣,但不知到哪里去找。华南地区太大啦!事有凑巧,我们接到了广西某县一位中学老师的来信,信中说他们在山洞里刨出了许多化石,希望我们派人去了解,看看是何物。这一下我们有了目标。过去也听说广西的龙骨很多,何不把广西作为突破口呢?一下子我们又兴奋起来。

此时,裴文中已由国家文物局回到我们研究室,因此由他担任队长,我担任副队长,组成了调查队。前往广西调查时,我们研究室差不多是全体出动。我记得参加的人员有黄万波、韩德芬(女)、张森水、王存义、许香亭(女)、乔全芳、乔歧、柴风歧等人,还有北京大学的吕遵谔和广西博物馆的何乃汉等。

1956年年初,以裴文中先生为首的"巨猿考察队"开赴广西。大家爬山,钻洞。我们的工作得到了自治区政府的大力支持,工作进行得很顺利。一位王厅长也和我们一起钻了许多洞。虽然我们找到了很多哺乳动物化石,但最终的目标"巨猿"连个影子也没见到。

1956年初春,考查队到了柳州,我们到处爬山,钻洞。在柳州西南12千米的公路旁、白面山的南麓发现了白莲洞。白莲洞洞口高出地面20多米,因洞口正中有一块形似莲花蓓蕾的白色钟乳石而得名。柳州地区的石灰岩的岩溶现象十分壮观,山上溶洞很多,洞内的堆积丰富。当地农民常到洞内挖取"岩泥"做肥料。

我们在洞内被扰乱了的堆积中,发现了很多软体动物壳和少量鹿牙化石。值得一提的是，我们发现了一件扁尖的骨锥和一件粗制的骨针，可惜针身都已残破。另外还有4件石器，它们都是由砾石打击而成，其锋利的刃口可作砍斫之用。经我和邱中郎鉴定，该石器属于旧石器时代晚期。后来，白莲洞受到北京自然博物馆周国兴和柳州市的易光远等先生的重视，他们进行了大规模的发掘，收获很大。在这个洞穴里的不同地层中，他们发现了不同时代的材料，从旧石器时代到新石器时代都有。

除白莲洞外，我们在柳州市木罗山思多屯的一个山洞内，在因挖"岩泥"而遭毁坏的残余堆积中，发现了螺壳和一件经人工多次打击才从石核上打下来的燧石石片。在柳州西南的柳江县进德乡的一个南北穿通的洞内堆积中，于下层找到了剑齿象化石，于上层找到了螺壳、介壳层石器。

虽然有收获，但我们是来找"巨猿"的，没见到原生层位的"巨猿"化石，也不能算有成果。

在南宁，我们跑到供销合作社去看他们收购来的"龙骨"和"龙齿"，在成堆、成麻袋的"龙骨"中，还真见到了"巨猿"的牙齿。"巨猿"的牙齿很好辨认，因为它在猿类牙齿中算是最大的，牙瓷很厚，表面光滑，对着光看还有微红色的闪光，光润耀眼，好像宝石，煞是好看。在成堆、成麻袋的"龙骨"中找到"巨猿"牙齿，使我们像"他乡遇故知"那样高兴。大家都感到广西就是"巨猿"的家乡，我们的估计没错。

当问这些"龙骨"来自何处时，我们傻了眼。因为他们把收购来的"龙骨"都堆在了一起，然后装入麻袋运往外地。"巨猿"的线索又没有了，我们很失望。此时，裴文中提议，把现有的人分成两队，一队由他率领到南宁以北的地带寻找，一队由我率领往南宁以南的地区搜寻。

在我们往南搜索的小组里，我记得有吕遵谔、何乃汉、王存义、乔歧、柴风歧等人。我们在南宁时，曾到中药店询问过，据说崇左县境内产"龙骨"。所以我们这一小队就乘火车直奔了崇左，然后再从崇左往北返回，各处钻洞寻找。

2月初，到了崇左。我们仍到供销合作社先去挑选我们需要的"巨猿"化石，还真找到了好几颗"巨猿"牙齿。我们向他们询问"龙骨"来源，才知道这几颗"巨猿"牙齿并非本地所产，而是来自大新县。我们听不懂当地话。幸亏崇左县政府派了一名干部协助我们工作，又有何乃汉先生，通过他们两人的翻译，我们才弄清楚"巨猿"的产地。

由崇左到大新，通车的地方乘汽车，不通车的地方我们就靠两条腿。步行时，行李带得很多，成了我们的累赘。每天外出、爬山、钻洞、行路、找住所，整理行装是很大的麻烦事。当时的条件没法和今天相比。不过，在当地找个挑担子的人帮助挑东西倒很容易，那时在城里还能经常看到手挂着扁担找活干的人，而且大多是妇女。

2月9日，我们到了大新县政府所在地——新和街。县政府很快为我们安置好了住所。我们迫不及待地又找到收购站。从这个收购站里找到了不少"巨猿"牙齿，最可喜的是我们知道了这些化石的产地——榄圩区正隆乡那隆屯。目标缩小到一个村，大家当然很高兴，深信"巨猿"的出处，很快就会弄个水落石出。

2月15日，我们到了那隆屯。虽然路不算远，但因下着小雨，又是步行，所以傍晚才到达。屯子坐落在一个四周环山的山谷里，周围有牛睡山、乌猿山、谢山、尾塘山。屯子不大，只有70多户人家。村民看上去非常朴实。

第二天，虽然仍在下雨，我们还是拿着从大新供销合作社买来的"巨猿"牙齿，挨门挨户地向村民们询问。当我们走进一位老大娘的家门时，还没来得及寒暄，一个小男孩儿就拿出了一个装有"龙骨"的笸箩给我们看。啊，在这个笸箩里就有"巨猿"的牙齿。当我们把它拿在手里，激动得手都有点发抖。我们的心血没白费，多日的追踪，总算有了眉目。小男孩儿是老大娘的孙子，约有十岁。我问他这些东西是从哪里弄来的，他用手往屋后一指："就在那个山头上。"

午饭过后，雨稍小了点，但仍哩哩啦啦地下着。我们登上了小男孩儿所指的那座山。这山当地人称为岜磨弄山，山上的洞穴名为黑洞。山很陡峭，洞离地约有100米，从山下看得清清楚楚。

我们拽着树棵儿，费了很大劲才爬到洞口。洞不深，总长20多米，从洞口往里是一条窄道，走到尽头才开扩成室。含化石的堆积，在尽头还保留了一部分，其余的都被村民挖光了。我和吕遵谔凭着一个皮尺、一个指北针和一根竹竿，一边测量，一边绘制平面图和洞的轮廓图。其余的人进行发掘。

洞中的堆积可分为两层，上层为石笋胶结的黄色硬堆积，下层为不很胶结的蒜瓣状的红色黏土。就在下层的上部分，我们发现了"巨猿"的牙齿。这是我们长途跋涉经过了40天的努力，亲手从原生堆积中找到的"巨猿"材料。我们找到了"巨猿"的"家"。

找到了"巨猿"化石，大家也暂时忘却了苦和累。累不必说了，就说苦，那还真苦。屯子里缺少饮水，人和牲口都吃一个坑里的水。把水烧开了也觉得咸涩难咽。可是当地群众不就是这样生活嘛。再说耗子到处都是，特别是夜里到处乱窜，睡觉时，耗子在身上跑来跑去。有时用手巾包裹好、准备第二天外出时带的干粮，早起一看没了。都是该死的耗子给拉走了，我们每个人都气鼓鼓的没有办法。再有这里的毒蛇很多，我们外出都结伴而行。一手拿着手电筒，一手拿着木棍，边走边划拉草，为的是"打草惊蛇"。夜里连外出小解，都叫个同伴。起夜太勤的人则觉得困难。而我们就是在这样的环境下工作了一段时间，才返回南宁。回南宁前，我们给裴文中拍了电报，又写了一封信，把我们的发现经过说了，促使他们那个队的人努力。裴文中带领的北队也获得了丰收。柳城县长曹乡新社中村的农民覃秀怀，在一个山洞里挖岩泥时，挖出了许多"龙骨"，引起了洛满人民银行韦耀社的注意。他认为这些"龙骨"很有科学研究价值，要覃秀怀把这些东西捐献给政府。

这些材料送到了南宁广西博物馆。广西壮族自治区文化局将标本交给了裴文中。这是一个"巨猿"的下颌骨。裴文中在广西壮族自治区文化局、柳州市文化局和柳城县文教科的帮助下，找到了覃秀怀。在他的指引下，在柳城县长曹乡新社中村之南约 500 米的楞寨山上，找到了发现"巨猿"下颌骨的山洞——硝岩洞。此后，裴文中先生再次到广西，带领柴风歧等人继续发掘，从中又发现了两个下颌骨和若干个牙齿。这些材料经吴汝康先生研究，仍用孔尼华定的学名——"巨猿"。从齿面上看，它具有很多人的性质，我认为魏敦瑞和孔尼华改为"巨人"的意见也应考虑。

　　这次广西之行，可以说成绩斐然。

从 死 神 身 边 逃 脱

在我的一生中，我曾几次被死神攥在手里，又几次逃脱。

1975 年 7 至 8 月间，我和人类学家张振标先生由魏正一、于凤阁等先生陪同，到黑龙江考察。我们先乘火车从哈尔滨到牡丹江，之后改乘吉普车南行，准备前往镜泊湖东岸一带。我与张振标先生坐的一辆车，走在前边。在离宁安县城不远的地方，忽然吉普车机盖冒了烟，司机当即停车打开前盖。只见一下喷出很高的火苗。他一边大声喊叫"你们快跑，跑得越远越好"，一边脱下衣服抽打。我们并没跑，我叫张振标先生到公路旁的水沟里抠出连水带草的泥，递给我。我往火苗上拽。火被扑灭了，可吓出了我们每人一身大汗。过后回想这事，我觉得司机用衣服拍打还真不如我们用泥拽好。

等后边的那辆车到了，我们坐上车赶到镜泊湖招待所已是下午了。这个招待所是为苏联专家建立的，并不对外。我住的那间房，我们科学院的老院长郭沫若曾经住过。房间里还摆放着纸笔墨砚，显得非常文雅。可惜只住了一夜，又出发了。

沿着镜泊湖东岸南行，在离吉林不远的地方我们考察了一个石器地点。这个地点出土的石器是用黑曜石打击成的。这在我国还从未见到过，黑龙江省博物馆已派人在那里发掘和研究。这和我所要找的细石器完全不同，应属于另一个文化传统。适值吉林省博物馆的姜鹏先生前来接我们，我们又去了长春。参观了吉林省博物馆后，我动身返京。张振标先生在长春尚有其他工作，稍后才走。

第二年，即1976年7月份，我们研究所组队与黑龙江省博物馆的研究人员一起，又赴黑龙江省的最北端十八站进行发掘。7月底当地驻军对我们说，唐山发生了大地震，唐山、丰南地区损失很大，死伤人数很多，地震波及了天津市和北京市。大家一听，都很担心家里及研究所的情况，很是不安。幸而很快收到了所里发来的电报："所里和家里情况都很好，不必挂念。"大家心里才踏实一些。

工作结束，我从哈尔滨乘三叉戟飞机飞回北京。飞机很大，坐着很舒服。这和1937年我由昆明到西安、1948年从北京飞往兰州所乘的飞机真有天渊之别。这也只是感觉，我无心浏览这架飞机的一切，心里恨不得快点到北京。地震后的北京、所里、家里不知是什么样。

从机场到回家的路上，沿途一切都变了样，大街上到处都是搭的地震棚，就连市政工程用的大水泥管也成了临时住所。到了家一看，院子里也是一个挨一个的地震棚。有的地震棚上遮着油毡，有的是塑料布，有的是床单，还有的糊了些报纸、牛皮纸之类的，五花八门，什么样的都有。我所住的楼也受到了损坏。在楼下的不远处，搭了一间小棚。我住在里边真像过着原始的生活。

没有多久，国家文物局局长王冶秋先生找到我，说："请你再前往内蒙古'御驾亲征'一次如何？他们在呼和浩特市东郊发现的材料还须去帮助发掘和研究，即使到了那里提一提意见也好。"我与老伴和长子贾彧彰商量，他们都认为我到内蒙古待些日子比在地震棚里要好，所以我就答应了。由于这次再到内蒙古是王冶秋局长请的，所以我受到了很好的接待。

到了呼市，第三天我们就到市东郊的大窑村详细查看。我们在这个地点所处的小山周围粗查了一遍，直到下午日将落山，才往呼市返。我乘的还是吉普车，按照习惯，我坐在前排司机的旁边。我看到车子开得很快，就嘱咐："开慢一点。"司机只是"哦哦"地答应，也没慢下来。突然车子失控，窜出公路，向路旁成排的树空间冲过去。还没等我喊出声来，车子已向前折了个 360 度的大跟头。含在口中的烟斗和戴着的眼镜一下子飞了出去，当时我就晕了过去。

大家把我送进了一家医院里，直到第二天我才清醒过来。只是这里的医院有医无药。内蒙古博物馆的一位女馆长从朋友处好不容易找来点什么霉素，放在窗台上，转眼工夫就丢了。最后上报了这件事，才从军队的药库里，得到了急需的药品。

我醒过来，守护在旁边的人才放了心。据他们说，我们同行的几辆车，都被我乘的那辆吉普车远远地甩在了后面。最先看见我那辆车出事的，是一位正在骑自行车的青年妇女。她扔下车跑了过来，就见吉普车车顶已塌，我坐的那边的车门已掉了下来，我的上半身落在地上。她正想把我扶起来，后面的车到了，大家七手八脚地才把我送到了医院。

见我醒来，民警也来了解情况，问我是否车开得太快。我说："不快，是路滑造成的，因为出事前刚下过雨。"幸而司机很机智，擦着树的间隙而过，否则非车毁人亡不可。民警虽对我的话半信半疑，但由于我口气肯定，一口咬定是路面造成的事故，他也只好把证件退还给司机。司机家人都指望着他挣钱生活，我岂能不为他说点好话呢？

回到北京后，司机一家人还专程来北京看望我，感谢我的"救命之恩"。我对他说，要说有"救命之恩"的是你不是我，你要是开车撞到树上，咱俩不就都玩完了吗？

我遇险后，王冶秋先生和我们研究所商量，先对我家里保密，看看我的伤情再说。没多久，我的伤势渐渐好了起来，胸骨骨折也长好了，还可以下床走动几步。这时北京大学考古专业（即现在的考古系）吕遵谔教授前来看望。他详细问了我的伤情，我说，其他恢复得很好，只是胸部还有阵阵疼痛。最后他叫我亲自给我老伴写封信，谈谈我的情况，免得家里挂念，我照办了。吕先生回到北京后到我家，把信拿出来给她看。老伴问："既然伤都好了，怎么不回来？""让他多养几天，养得比以前还健壮再回来不更好吗？"

我在内蒙古的医院住到了初冬，医院还没烧暖气，几位司机拿来了一个大电炉子给我取暖。又过了不久，我们研究所的刘静波先生来到呼和浩特，接我出院。几天后我俩乘飞机回到了北京。

我们的研究所在北京德胜门外祁家豁子，我住的宿舍也在大院之内。由于地震的破坏，宿舍成了"危楼"。所里照顾我，把图书馆的一间房腾了出来，让我们夫妇居住。后来，我的次子把我们接到他家里住了一段时期，我的身体才渐渐恢复正常。

这次翻车几乎丧了命。直到现在朋友还拿我开玩笑，说我是最出色的特技演员。场面惊险有三：第一，车子失控后，窜到路旁树的空隙之间，没撞到树上；第二，车子向前折了360度的跟头，车棚瘪了，车门掉了，挡风玻璃碎了，我的下半身还在车里，上半身横在车外，嘴里叼着的烟斗和戴着的眼镜飞出很远，我的头没碰伤，满脸满身的玻璃碴子也没把脸和身上划伤；第三，车棚上的横梁断了，我戴着的一顶蓝布帽子挂在了上面，只差1.2毫米，我的头就会被断梁穿个窟窿。大家都庆幸我能活下来，说我是大难不死必有后福。其实后福有没有说不清，但大难不死是有的，而且不止车祸这一次。

最危险的是1988年，我得了一场大病，说句文雅的话，差一点"与世长辞"。

那年，正值我80岁。一天清晨，我上厕所，发现大便发黑，老伴看了认为是便血，劝我到医院去检查检查。当时我们研究所已经迁到了西直门外大街142号北京动物园附近。我的家也搬到了院内宿舍。我到了人民医院，大夫为了确诊，叫我住院检查。肠镜的结果是结肠癌。但是医德高尚的外科荣大夫对我说是横结肠上长了一个腺瘤，劝我还是动手术切掉好，不然会越长越大。所里的领导及我的家人都知道病情，只瞒着我，怕我思想上有负担。我还是几年之后，偶然翻看了当时的病历，才知道了真相。术前我做了各方面的检查，特别是血。医生说按照我的年龄，这不像是我的，而更像年轻人的。如果手术时间不长，最好不给我输血。

手术那天，我的家人都来了，他们目送着我被推进手术室。大夫按着肠镜的检查结果先在我的右胸下横着开了一刀，取出横结肠，但怎么也找不到肿瘤。再找还是没有。这时时间拖了很长，聪明的大夫突然想到是不是检查的结果左右错了位。他立刻把刀口缝合，又在肚脐左上侧竖着开了一刀，才找到病点。结果切除了大约25厘米一段结肠，把小肠和大肠连在了一起。手术原来只需要一个半小时，这回用了六个多小时才完成。麻醉师看我手术时间太长失血过多，还是给我输了800毫升的血。这次输血可给我带来了灾难。

出院之后，头几天自己感觉良好，不久就感到四肢无力，瘫软得连衣服都不能自己穿。接着眼睛和脸色变得蜡黄。我患上了肝炎，这是输血造成的，我输进了带肝炎的血。当时，各单位都组织献血，有的人体检很正常，但让一些以卖血为生的人代替献血，所以从血库拿来的血，也有"伪劣假冒"的。

经人介绍，我住进了中日友好医院。那里有传染病房但病人太多，没有单人病房，我只好和一位年轻的外地患者同室。虽然病魔缠身，腿浮肿得厉害，浑身无力，但我的心情很开朗。大夫叫打针就打针，叫吃药就吃药，积极配合大夫治疗，我成了这个传染病科的最佳病人。大夫经常以我为例，劝说一些思想有包袱的病人。

与我同室的那位病友，不听大夫叫他少吃东西的劝告，叫妻子到街上买了两碗饺子，偷着吃下。吃后他就感到不舒服。大夫知道后很恼火，马上对他救治。为了抢救方便，大夫把我换到了另一间病房。当天夜里他就死了，是死于胃出血。人的"生"与"死"就像一层窗户纸，一捅就破，死是多么容易啊！

我的水肿越来越厉害，从脚一直肿到了肚脐眼。虽然每天用药物排尿，但仍时好时坏。大夫给我用红小豆和鲫鱼煮汤，要我天天喝，但我一点胃口都没有。说实在的，喝这汤比喝药难咽。

为了增加营养和抵抗力，大夫建议我打"胎盘白蛋白"。这种东西，医院里美国、日本和我国香港产的都有，但怕有艾滋病毒，不敢用，大夫叫我最好自己想办法，找国内产品。当时国内产的胎盘白蛋白很难搞到，只有献血者才能买到一瓶。我们想尽各种办法，到处托人，连九三学社中央都帮忙，最后总算买到了 33 瓶。我每天注射一瓶，不想病还真有好转。

给我看病的主治大夫是位年长的老大夫，他在其他医院也有兼职。他认为我已是 80 岁的老人，要保守治疗。可是另外两个年轻大夫，认为我虽然年纪大，但体质好，又没什么其他病症，准备为我来一下"恶"治。

他们叫我服大量排尿的药，每天认真记录，接着打白蛋白和补钾。几天下来，弄得我一丝力气都没了。可喜的是，我的水肿渐渐消退了。老大夫听说后，也很高兴，对我说："每天这样大量排尿，身体能支持下来真是不容易，打白蛋白等于借钱吃饭，你还得自力更生来养活自己。"一句话说白了，就是叫我自己吃东西。从此我就尽量吃，不爱吃的也要吃。饭量增多后，就逐渐减少白蛋白的用量。我的身体渐渐恢复，不久各项指标均达到了正常人的水准。经大夫同意，我被转到了康复病房。

康复病房窗明室亮，有卫生间，有电视，有冰箱，有电话，比一般病房舒适多了。大年三十，在北京的妻儿老小还自己动手包饺子，在康复部的伙房里，吃了一顿团圆饭。

80 岁的生日，我是在中日友好医院度过的。亲朋好友，在医院的病友和大夫，都来为我祝寿，有的送花，有的送字，历史博物馆还专门给我送来了特意为我制作的老寿星。他们把我当成小孩子，我对此感到十分高兴和幸福。春节过后，我已经能独立生活了，吃饭、上厕所已不用人照顾。孩子仍日夜陪伴着我。我以为用不了多久就可以回家了，却又遇上了倒霉的事。

一天早晨，医院雇用的卫生员打扫完房间后，打开窗户，准备擦玻璃。一阵凉风袭来，吹得我打了个冷战。下午我就发高烧，我又得了肺炎。每天打吊针，就是高烧不退。医生通知了单位和家属："看样子他出不去医院了，要做最坏的打算。"死亡之神又围着我转来转去。"人之将死，其言也善"。在我清醒的时候，我就想，自己一生是否做过坏事，是否有对不起别人的地方呢？虽然我娶过两个妻子，但她们俩都彼此谅解了。我孝敬父母，善待儿女子孙，只是因工作关系对他们照顾不够，没利用自己的职位为他们安排好工作，这是我能力有限。再说，不依靠别人，对他们以后的生活也有好处，他们也会谅解的。想来想去，我不欠人情债，心情反而踏实多了。唯有在工作上我还没有对自己提出的三大课题（即人类起源的地点、人类起源的时间、人类在演化过程中先进与落后同时并存的"重叠现象"）有所突破，因而有些着急，但天命难违。还有一句古话，就是"人生七十古来稀"。我已活到 80 岁了，赚头还不小，我的老师或前辈们也大多没我活得长。裴文中活到 78 岁，魏敦瑞活到 75 岁，德日进活到 74 岁，杨钟健先生也只活到 82 岁；我的父亲活到 73 岁，我的母亲活到 84 岁，我还有什么不可撒手人寰的呢？俗话说"不做亏心事，不怕鬼叫门"，我虽不信鬼神，但觉得这句话有一定的哲理。

大夫看什么药对我也不起作用，就决定给我注射"先锋 5 号"，如果"先锋 5 号"作用不大，就只剩下"先锋 6 号"了，再也没有别的办法。不想我的烧渐渐退了，精神也慢慢好了起来，死神再一次被我从身边赶走。

1989 年 4 月底，我出院了。出院之前，大夫、护士长及护士们为我祝贺，问我："怎么会好的？"我说："是你们给我治好的，怎么问我呢？"大夫说："这不单凭我们的治疗，最重要的是你对疾病不畏惧，有战胜疾病的信心，能很好地配合我们。"不怕死的心，我是有的。但什么信心，当时我还真没力气想这些。

出院后，我一心在家疗养，在小书房里看寄来的信和书。大约过了 1 个多月，我的元气恢复了，我又开始趴到桌上写东西——总是这样，每次遇险和大病之后，我都能有时间安下心来总结一下过去的调查和研究，安安静静地写点东西。对我来说，这算是大难不死的"后福"吧。当然一些国内、国际的学术会议，在我身体许可的情况下，我是尽量参加的，聆听同行们的新观点，互相交流一下意见和建议，可以使自己增加很多新的知识。

路 途 依 然 遥 远

我这个人喜欢遐想，但又不是漫无边际。比如，在山顶洞、辽宁省海城小孤山遗址发现了骨针，由此推断当时应该有"衣服"。什么叫衣服呢？如果用兽皮肩冷披肩，腰冷围腰，就像我们用毯子裹住自己，那叫衣服吗？当然不是，我想不管缝制技术有多粗糙，只有把兽皮用针缝缀起来，这样的东西才能叫衣服。当初制作衣服并不是为了美，而是为了御寒。有了御寒的能力，人的活动范围就扩大了，适应和生存的能力也增强了。

在 1991 年第 3 期的《大自然探索》上，我发表过一篇题为《人在何时登上了美洲大陆？》的文章，认为细石器起源于我国华北，经宁夏、内蒙古、蒙古人民共和国和我国的东北到东西伯利亚，最后通过白令海峡进入北美。细石器的主人要想追猎大兽，通过白令海峡，必须有两个不能忽视的条件：一，得会人工生火；二，必须具有用针缝缀皮衣的本领。

从石器上看，从 100 多万年前到 1 万多年前，有不同的传统，也有继承关系。一代接一代，一茬接一茬，这当中一定有传授的方法。这种传授方法除手把手地教之外，还应有一种解释的能力，使别的能工巧匠懂得自己的意思。这种解释能力就是语言，尽管语言很简单。俗话说，人有人言，兽有兽语，人的语言又是何时才有的呢？

又如，在山顶洞发现了很多的装饰品，这些装饰品都有孔，可见当时穿孔很普遍。这些装饰品除了起装饰作用之外，也可能还有其他用途，如计数或者作为权力、英雄的象征等。不能否认，爱美之心两万年前的人就有了。

干我们考古这行的，特别是史前考古的人，要有丰富的想象力，想象力来源于知识，而知识的来源就是学习，随时随地向别人请教和实践。不瞒众位，1937 年年初，我和卞美年先生初次去云南的时候，就露过怯。我们到了云南，听说有一种很好吃的"过桥米线"，是云南的特色小吃，我们三人当然想品尝。走进饭馆，点了"过桥米线"，不一会儿，伙计在我们每人面前送上一碗汤，我以为这和吃西餐一样先上汤，就迫不及待地喝了一大口，紧接着又"哇"的一声，赶快吐了出来，这时，我口中已烫起了泡。我看汤并没冒热气，不想这么滚烫滚烫的，当然特色小吃也没吃成。

后来请教一位老人，才知道"过桥米线"的来历。据说，从前有个年轻的读书人，已经娶了妻。为了不受家人的打扰，他每天到庙中苦读。他家和庙之间有条河，河上有座桥。每到中午，妻子都为他送带汤的米线（用大米粉做成的面条），可是送到后，汤总是凉了。后来她想了一个主意，在烧好的汤上浇上一层油，不使热气跑出来，让丈夫把米线和肉片涮着吃，这样既热又好吃，这就是"过桥米线"。真是不经一事不长一智。

我们考古工作，也有相似的事。1959年，北京举行"北京人（中国猿人）第一个头盖骨发现纪念会"，广东来的代表带来了一件在东兴县贝冢发现的石器。这是一块两面打击而成的石片。从形状上看它很像欧洲二三十万年前阿舍利时期的制品——手斧，与我国以往所发现的石器有很大不同。同年年底，我与戴尔俭、刘增等先生一起赴广东省东兴县（现属广西壮族自治区）考察。

陪同我们一起考察的还有广东中山大学的梁钊韬教授和黄慰文先生，广东省博物馆的杨豪、莫稚、梁明燊等先生。我们先后对东兴、南海的西樵山、翁源的青塘等地进行了考查。东兴靠海边，贝冢很多。在县西北大围村东茅岭江出口处的杯较山，我们从三处贝冢里发现了贝壳和遗物。贝冢中打制的石器也很多，石器的尖端都是钝而圆的，这证明使用的部位是尖端。这些石器是干什么用的呢？我们考察的人都说不清。向当地群众请教，也没问出个所以然。后来还是一位老人家告诉我们说这东西叫"蚝蛎（即牡蛎）啄"，是专门用来打破蚝蛎壳，再挖取蚝蛎肉的。现在的人早已不用它，而改用铁钩子。退潮之后我们亲眼看见很多小孩用铁棍敲开巴在石头上的蚝蛎，再用钩把肉钩出来，装进篮子里。

在贝冢里我们还发现了一个骨制的箭头。箭头是毫无疑问的，但它尖端钝圆。这是为什么呢？经过多方请教才知道，这是用来射羽毛艳丽的鸟用的。带尖的箭头，会将鸟射出血，鸟死亡后，羽毛就会失去原有的艳丽。不问不学，不亲眼看见，当然就学不到这么多知识，再遇到相似的东西也无从解释。虽然贝冢中的磨光石器属新石器时代，但这种箭头的发现可以证明贝冢的时代有早有晚，晚到可能有史以来。

我们从北海市乘汽车返回广州，因路途遥远，中途我们在一户渔家过夜。一进门我就看见墙上挂着的渔网。使我好奇的是，网坠不是铁或铅的而是海蚶壳。海蚶壳的凸出部分被磨成孔或钻成孔，然后成串地系在网上。我向渔户请教这种网的用途，渔户说这种网是拉虾用的。把成串系有海蚶壳的网绑在船的一侧，人横推着船在海中走，海蚶壳就能发出哗啦啦的响声，虾即向船上乱蹦。

这使我想起了在山顶洞发现的海蚶壳，我们把它们都当成了装饰品，是否它们也像这里一样用作网坠呢？如果真是这样，一万多年前的山顶洞人不是也有捕鱼捕虾的生活手段吗！当然这只是联想，还没有进一步的材料证明。不过，如果不是亲眼所见亲耳所闻，谁会想得到呢！当然我们主要研究的还是古人类和他们遗留下来的文化——旧石器。人是何时由猿演化而成？人的起源地到底是哪里？人又是如何一步一步发展成今天这个样子的？这些问题世界各国都在研究，但至今还没有个头绪。自从 1929 年 12 月 2 日下午 4 时，我国北京周口店发现了"北京人"第一个头盖骨以来，我国先后又发现了蓝田人、元谋人、郧县人、郧西猿人、和县猿人、沂源猿人等直立人化石，金牛山人、丁村人、长阳人、马坝人、许家窑人、河套人、山顶洞人、柳江人等早、晚期的智人化石，以及很多的旧石器遗址。

中华人民共和国成立后，在党和各级政府的大力支持和关怀下，我国的古人类事业和旧石器考古事业得到了飞速发展。从考古发现中我们证实了"北京人"不是最原始的人，"北京人"只不过是人类进化长河中的一个阶段，一个环节。要认识人类的起源和进化的过程，缺环还太多太多。尽管在我国找到了很多个缺环，但还不能把一个个环串接起来。再说这些问题也是全世界古人类学者和旧石器考古学者共同的课题，要搞清楚，不是一个国家的学者或一代人两代人能完成的。

目前，随着科学的发展，分子人类学出现了，一些学者利用基因方法来测定人猿分离的时间。当然它不能完全解决问题，体质人类学仍占有重要位置。骨骼化石特别是头骨化石显示出来的进化特征最明显。学者们可以从头骨的特征上观察出原始与进步、年龄和性别来，从而容易确定其在演化上的位置和与其他人种的关系，甚至连他活在世上时的相貌都可以塑造出来。"北京人"、山顶洞人的复原像就是根据发现的头骨塑造出来的。

提到复原像，我还想起一个真实的故事。二十几年前，南京郊外的一片树林中，有人发现了一具女尸，马上向公安机关报了案。公安人员来到现场，发现尸体已经腐烂。尸体头部腐烂得很厉害，面容一点也辨认不出来。尸体身上无任何证件，根本不知她是谁。叫有失踪亲属的人来认，由于尸体相貌不清，也没人认出。没办法，公安人员找到我们研究所。我所派了一位老技工去，帮助办案。根据对头骨的测量老技工很快复原了女尸的头像。一位老太太一眼就认出了这是自己的女儿。案子很快就破了。至于怎么破的、凶手是谁我们不必管了，我只想就此说明头骨的重要性。

人类化石是人类进化过程中的重要证据，它很难找到，发现人类化石是可遇而不可求的事。所以人类化石是研究人类起源、进化极为珍贵的材料。但愿这些人类的祖先给我们发现他们的机会，使我们把环节串联起来，使我们能够充分地了解自己是怎样变成今天这个样子的。

分子人类学的兴起，是件好事，体质人类学和分子人类学相互印证给研究古人类带来更大的益处。随着科学的不断发展，或许还有更先进的方法，这又另当别论了。

20世纪过去，21世纪来临。随着中国的改革开放，中国经济上的崛起，党的科教兴国政策的实施，在科学和文化领域内必将会有一个欣欣向荣的崭新面貌。有人称21世纪是中国在各个方面全面发展的世纪。我在上海《科学画报》1992年第5期"21世纪科学展望专栏"中谈到，人类起源和演化研究中的三大问题是21世纪我们这门学科的研究课题。它们是古人类研究中最引人注目也是最富有魅力的课题。从20世纪初在我国兴起这门学科到目前为止，它们还没有满意的答案。这三大问题就是：1.人类起源的地点；2.人类起源的时间；3.人类在演化过程中的重叠现象。

关于人类起源的地点，过去有人认为是欧洲，因为欧洲研究古人类的历史比较早，最早发现的有关人类化石的地方是欧洲。随着古人类学的发展、古人类化石和古文化的不断发现，欧洲是人类起源地的说法没人赞同了，就连欧洲的学者也承认人类并非起源于欧洲。后来非洲发现了古人类化石，有人就认为人类起源地是非洲，不久亚洲发现了古人类化石，又有人认为人类起源地是亚洲，这个问题就像"墙头草"，总没有定论。

美国自然历史博物馆的人类学家奥斯朋在1923年提出人类的老家或许在蒙古高原。他的论点是，最初的祖先不可能是森林中人，也不会从河滨潮湿多草木果实的地方崛起。只有高原地带环境最艰苦，人类在那里生活最艰难，因而受到的刺激最强烈，这反而更有益，因为从这种环境中崛起的生物对外界的适应性最强。

著名的古生物学家马修(W.D.Matthew)1911年在纽约科学院宣读了一篇《气候与演化》的论文。论文中他支持1857年利迪(J. Leidy)提出的人类起源于"中亚"的论点。利迪认为，在中亚高原或其附近地带出现了最早的人类，这个地区具有完整记载的古老文化。不过利迪的论点没被人们重视和接受。

我的观点是人类起源于亚洲南部即巴基斯坦以东及我国的广大西南地区。其原因是1965年在我国云南省元谋盆地发现了170万年前的元谋直立人的牙齿，1975年在我国云南省开远县和禄丰县发现了古猿化石，开远县和禄丰县化石出土的褐煤层距今约有800万年历史，处于中新世晚期到上新世早期。这种古猿最初定名为拉玛古猿(由于研究者多次更名，我无法适从，所以仍用原来的命名)，最带有人的性质，曾被誉为"尚不懂制造石器的人类的猿型祖先"。自元谋人的牙齿被发现后，近年来云南元谋县班果盆地又接连不断地发现了人型超科化石，这更增加了人类起源于亚洲南部的可信度。

值得一提的是，1975年中国科学院古脊椎动物与古人类研究所的专家们，到喜马拉雅山山脉中段和希夏邦马峰北坡海拔

4100～4500米的古陆盆地调查，发现了时代为上新世（距今500万～200万年前）的三趾马动物群。除三趾马外，还有鬣狗、大唇犀等。从三趾马的生态环境看，那里多是森林草原的喜暖动物。根据当地孢子的花粉分析，此地曾生长棕榈、栎树、雪松、藜科和豆科类植物，都属于亚热带植物。

上新世的时候，喜马拉雅山的高度有1000米左右，气候屏障作用不明显。中国科学院组织的珠穆朗玛峰综合考察队，于1966-1968年连续三年在那里进行考察和研究。郭旭东先生发表了论文，文章认为：在上新世末期（200多万年前）希夏邦马峰地区气候为温湿的亚热带气候，年平均温度为10℃左右，年降水量为2000毫升，以上这些条件都适合远古人类的生存。我在1978年出版的《中国大陆上的远古居民》一书中就这样表述过："由于上述的理由我赞成'亚洲'说，如果投票选举的话，我一定投'亚洲'的票，并且在票面还要注明'亚洲南部'字样。"

关于人类起源的时间也是我感兴趣的问题。人是由猿进化来的，这个问题没有疑义了，但人猿相揖别是在什么时候呢？人是从人猿揖别时就应该叫人了，还是从能制造工具时才算是人呢？恩格斯关于"劳动创造人""劳动是从制造工具开始的"的学说过时了吗？

周口店的"北京人"（即北京直立人）被发现之后，我们才知道人已经有50多万年的历史了。在这之前连说人有10万年的历史都叫人难以相信。我和王建先生在研究了北京人使用的石器后，认为它们的加工很精细，又有各种类型证明其使用时用途有所不同，且"北京人"有使用火和控制火的本领，因而提出了"北京人"不是最原始的人的论点。我们发表了《泥河湾期的地层才是最早人类的脚踏地》的短论，这引起了长达一年之久的争论。

在这之后，相继又发现了比"北京人"更早的人类化石和遗物，如元谋人、蓝田人化石，西侯度、东谷坨、小长梁等地的石器，这些物品都有距今 180 万 ~100 万年的历史，比"北京人"生活的时代早得多。这证明了我们的论断是正确的。随着世界各地不断又有的新发现，我认为最早的石器还应该到目前认为的第三纪地层中去寻找。因为目前发现的石器都有了一定的类型和打制技术，不能代表最早的技术。

目前谁也不敢说什么样的石器是最早的石器，但可以肯定，人类从认识什么样的石头适于制造石器，根据不同的用途加工成不同类型的石器，即使加工得很粗糙，也不是很短的时间能够完成的，这是人类在与自然界的斗争中经过长期实践而总结的结果。我在 1990 年发表的《人类的历史越来越延长》一文中说："我认为根据目前的发现，必将在上新世距今 400 多万年前的地层中找到最早的人类遗骸和最早的工具，(人) 能制造工具的历史已有 40 多万年了。"说来也巧，我这篇文章发表不久，美国人类学家就在非洲发现了 400 多万年前的人类化石。1989 年在美国西雅图举行的"太平洋史前学术会议"上我曾建议把地质年表中的最后阶段"新生代"一分为二，把上新世至现代划为"人生代"，把古新世至中新世划为新生代。这样的划分似乎比过去的划分更明晰。

人类在演化过程中的重叠现象是个非常复杂而又十分棘手的问题。我发现人在演化过程中不是呈直线上升的而是原始和进步同时并存的，我把它称为"重叠现象"。这种表现最为显著的是辽宁营口县发现的金牛山人和周口店的"北京人"。根据地层学和哺乳动物学的调查研究和年代的测定，金牛山人生活在距今 28 万年前，属于"原始智人"，"北京人"生活在距今 70 万年至 20 万年这一阶段，他们之间的体质变化不大。这就说明，先进的金牛山人出现时，落后的"北京人"的遗老遗少们还依然生存于世。他们彼此间还可能见过面，也可能为了生存彼此间还打过架。这种重叠现象，并非仅在中国存在。

不仅人类在演化过程中有重叠现象，石器的重叠现象也屡见不鲜，耐人思索。过去我在华北工作时间较多，把华北的旧石器文化划分为两个系统，这是按石器的大小与使用的不同而分类的。在广大的国土上是否还有其他的系统和类型？答案是肯定的。因为人类有分布，文化就有交流和交叉。

在河北省阳原县的小长梁发现了细小石器，其制作精良，最小的还不到一克重，能与欧洲 10 万年前的石器媲美。1994 年经中国科学院地球物理研究所专家用最先进的超导磁力仪测定，小长梁遗址距今为 167 万年。这虽然为我的"细石器起源于华北"增加了证据，但石器之小，打制技术之好，年代之久远，令人百思不得其解。是什么人制作出来的呢？

综上所述的三大问题，是 21 世纪我们古人类学和旧石器考古学面临的重大课题。你说人类起源于亚洲或非洲，那么人类起源有多长时间？不是外国人怎样说，我就怎么说，也不是一两个"权威"就能说了算数的。百家争鸣比一枝独放要好。既然这些问题是全世界学者的课题，也就应该多开展国际间的合作。总之，还需要我们努力去工作，特别是年轻人应多做工作。要想解决这三大问题，我们的古人类学者和旧石器考古工作者任重而道远。

　　1993年9月4日是我国第七届全国运动会开幕的日子，在这前夕，夏景修也因患结肠癌于9月2日去世。8月26日，在她弥留之际，我光荣地在周口店点燃了"文明之火"的火种，又把火种传递给了第13届国际数学奥林匹克大赛金牌得主周宏同学。圣火火种在他的传递下，一站站传到了天安门广场，传到了江泽民总书记的手中……陪同我一起去点燃圣火火种的长子，回到夏景修的病床前，把这消息告诉她时，她的脸上现出了一丝笑容。令我欣慰的是，在她最后的日子里，我的长子、长女及其他孩子始终守护在她的身边，伴她走完了人生最后的路程。虽然她不是孩子们的生母，平时他们之间也出现过磕磕绊绊，但孩子们在她临终时仍像待生母一样待她。享年73岁的她，走得没有什么遗憾。